装配式混凝土结构工程施工创新技术

李建纲 著

中国建材工业出版社

图书在版编目（CIP）数据

装配式混凝土结构工程施工创新技术/李建纲著
. --北京：中国建材工业出版社，2023.9
ISBN 978-7-5160-3790-4

Ⅰ.①装…　Ⅱ.①李…　Ⅲ.①装配式混凝土结构—工程施工　Ⅳ.①TU37

中国国家版本馆 CIP 数据核字（2023）第 143985 号

装配式混凝土结构工程施工创新技术

ZHUANGPEISHI HUNNINGTU JIEGOU GONGCHENG SHIGONG CHUANGXIN JISHU

李建纲　著

出版发行：中国建材工业出版社
地　　址：北京市海淀区三里河路 11 号
邮　　编：100831
经　　销：全国各地新华书店
印　　刷：北京雁林吉兆印刷有限公司
开　　本：710mm×1000mm　1/16
印　　张：7
字　　数：200 千字
版　　次：2023 年 9 月第 1 版
印　　次：2023 年 9 月第 1 次
定　　价：39.00 元

本社网址：www.jccbs.com，微信公众号：zgjcgycbs

专著题词

李建纲主任长期致力于装配式混凝土结构工程，他以敏锐的洞察力、卓越的创新能力和执着的实践，在节点连接、构件制作、安装等关键方面取得了丰硕成果。

这本专著是他多年经验的总结，衷心希望本书能够受到广大读者的欢迎，为促进我国装配式结构行业进步做出贡献！

清华大学工学硕士
清华大学建筑设计研究院教授级高级工程师
科技部国家科技专家库专家
马智刚

大力发展装配式混凝土建筑是我国实现“双碳”目标的主要途径。笔者深耕装配式混凝土建筑的生产施工一线，敏锐抓住了长期困扰施工质量的关键问题，形成了独到的见解。本书正是笔者多年来装配式混凝土施工的科研与实践创新工作的凝练，其中重点对预制构件连接施工问题进行了全面梳理、深入剖析并提出了有效的解决措施。这些探讨和举措对于提升我国装配式混凝土建筑施工质量起到了推动作用，值得施工技术人员学习和推广。

北京交通大学土木工程学院教授
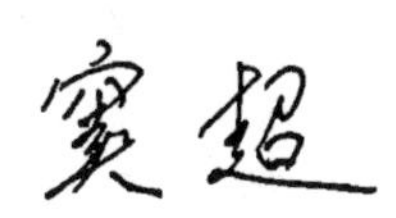

装配式建筑体现了绿色、高效、环保的高质量发展理念，为建筑行业注入了新的活力，是实现建筑行业可持续发展的必由之路。

西安建筑科技大学
土木工程学院副院长、
教授、博士生导师

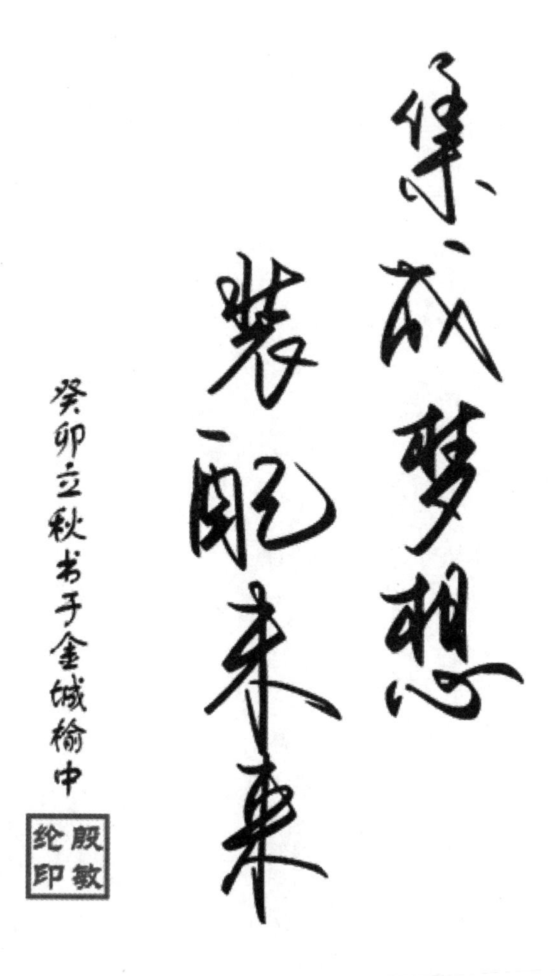

甘肃省集成装配式建筑产业发展有限公司董事长
甘肃建投装配式建筑专业技术委员会主任委员

序　　言

李建纲从事一线建筑施工技术管理工作三十余年，以建筑行业高质量发展需要为切入点，投入大量时间和精力去研发攻关。编撰的《装配式混凝土结构工程施工创新技术》是对装配式混凝土结构施工过程关键技术、科研成果的创新和总结。先后研发实用新型专利七项、发明专利一项；编制甘肃建投工法三项、甘肃省工程建设工法一项；主持编制和发布甘肃省级地方标准三项；负责甘肃省建设科研项目两项，一项已结题验收，一项年内结题验收；在《建筑工人》《工程建设标准化》等刊物发表数篇论文；现正在主持编制中国工程建设标准化协会标准《水平轻型桁架模板支撑应用技术规程》，有望年内发布。

《装配式混凝土结构工程施工创新技术》一书包括装配式混凝土构件制作、装配式混凝土灌浆套筒连接、装配式混凝土预制柱安装、装配式混凝土剪力墙安装、装配式混凝土叠合梁安装、装配式混凝土预制叠合楼板安装、装配式混凝土预制楼梯安装和装配式非承重墙体安装。附录收录的工法、专利、标准、规程多数都是现行使用的技术资料；解决了装配式混凝土竖向构件安装半灌浆套筒灌浆饱满密实及防止灌浆体倒流等“老大难”问题，对加快推进装配式混凝土建筑的实施起到了帮助和指导作用。

甘肃省建设投资控股集团公司首席专家
甘肃省建设设计咨询有限公司原董事长　罗崇德
2023 年 5 月

前 言

国家大力提倡在建筑行业推广应用装配式建筑，发展装配式建筑是建造方式的重大变革，是推进供给侧结构性改革和新型城镇化发展的重要举措，有利于节约资源及能源、减少施工污染、提升劳动生产效率和质量安全水平，有利于促进建筑业与信息化、工业化深度融合、培育新产业新动能、推动化解过剩产能。近年来，我国积极探索发展装配式混凝土结构建筑，但大多数混凝土梁、柱等主要受力构件的建造方式仍以现场浇筑为主，装配率和规模化程度较低，与发展绿色建筑的有关要求以及先进建造方式相比还有较大差距。2016 年 2 月 6 日，中共中央、国务院印发了《中共中央 国务院关于进一步加强城市规划建设管理工作的若干意见》（中发〔2016〕6 号），从城市规划建设的监管、建筑、街区、生态四方面进行了规划要求，在建筑方面首次提出推广装配式混凝土建筑和钢结构建筑。随后国务院办公厅在 2016 年 9 月 27 日印发的《国务院办公厅关于大力发展装配式建筑的指导意见》（国办发〔2016〕71 号）中明确了装配式建筑的推进时间要求，文件要求按照适用、经济、安全、绿色、美观的要求，推动建造方式创新，大力发展装配式混凝土建筑和钢结构建筑，坚持标准化设计、工厂化生产、装配化施工、一体化装修、信息化管理、智能化应用，提高技术水平和工程质量，促进建筑产业转型升级。住房和城乡建设部等九部门于 2020 年 8 月印发的《住房和城乡建设部等部门关于加快新型建筑工业化发展的若干意见》（建标规〔2020〕8号）指出，新型建筑工业化是通过新一代信息技术驱动，以工程全寿命期系统化集成设计、精益化生产施工为主要手段，整合工程全产业链、价值链和创新链，实现工程建设高效益、高质量、低消耗、低排放的建筑工业化。这是促进建筑产业转型升级的总体目标。

发展装配式建筑国家宏观目标是力争用10年左右的时间，使装配式建筑占新建建筑面积的比例达到30%。

近几年装配式混凝土建筑项目在推进过程中解决了较多的技术问题，编制了大量的规范规程及标准图等，许多专家在实践过程中研发了较多专利，解决了设计、生产、安装等一系列技术问题，但还存在一些现实问题影响国内装配式混凝土结构的整体推进。我国多数地区属于抗震设防区，在高烈度抗震设防区推广装配式混凝土结构难度较大；施工的基础理论研究和实践探索正在逐步开展，因此装配式混凝土结构推进缓慢。笔者通过学习和调研认为，装配式混凝土结构在推广和应用过程中存在部分无相关细节控制技术标准和规定、各地做法不统一、操作有一定随意性等问题。笔者通过参观学习和实践探索并与国内相关装配式混凝土方面的资深专家探讨，对装配式混凝土结构施工关键技术进行一定的创新并改造提出了如下见解：

（1）近几年经过各地的自主探索及互相切磋改进，预制构件的外观质量、混凝土强度等级、构件内钢筋制作安装、模具制作安装等方法、工艺已基本成熟，使装配式混凝土结构构件有了质量保证。

（2）构件安装存在一定弊端：①半灌浆套筒非灌浆端直螺纹连接尚无技术标准，丝扣不规范、不统一、通用性差，影响连接质量；②半灌浆套筒钢筋连接试验检测数据不全，影响结构连接质量；③竖向构件预制时套筒灌浆端封闭不严，存在漏浆现象；④由现浇向装配式过渡层竖向连接钢筋位置不准，插筋长度不足，影响结构受力；⑤竖向结构半灌浆套筒灌浆饱满度、密实度施工过程控制方法不当，控制效果较差；⑥安装部位存在带缝作业，混凝土内应力传递较困难；⑦竖向构件安装灌浆前堵缝、分仓不规范，无统一做法；⑧竖向构件安装坐浆浆体强度等级、稠度不统一，坐浆厚度也无有效控制方法；⑨部分构件预留锚固钢筋采用了直螺纹锚板+焊接的多重连接方式，锚固方式较乱；⑩预留钢筋锈蚀较严重；⑪楼梯两端简支，受力薄弱。

（3）近几年笔者针对上述11个施工方法、工艺、操作中存在的现实问题进行了认真研究和探索，提出新的改进方法和施工工艺，获得国家多项专利，并主持制定了相关地方标准，对促进装配式混凝土结构的健康发展具有积极意义，对指导装配式混凝土结构施工及应用推广具有一定参考价值。

笔者近年先后研发的相关专利有“一种装配式混凝土结构竖向构件安装灌浆堵缝结构”（专利号：ZL201821485099.9）、“一种装配式混凝土半灌浆套筒”（专利号：ZL201921341900.7）、“带有注浆口快速封堵构造的装配式混凝土竖向灌浆套筒”（专利号：ZL202120974929.X）、“一种混凝土施工缝部位结构增强方法”（申请号：201910333077.3）。2021年笔者作为项目负责人申请立项并完成了甘肃省建设科研项目“装配式混凝土可控密实度、饱满度的半灌浆套筒及施工方法”（项目编号：JK2021-39），此项课题研究历时一年，通过套筒设计、灌浆孔、排浆孔的改进设计、制作半灌浆套筒、试灌浆、剖开检查、分析提高改进等，先后研制出五代产品，终于解决了在施工过程中控制灌浆饱满度、密实度的行业“老大难”问题。这种套筒既能在施工过程中控制灌浆饱满度、密实度，又能快速封堵杜绝灌浆孔堵塞时浆体倒流而影响灌浆饱满、密实的问题。

本书重点介绍笔者对装配式混凝土结构施工的现实问题梳理、改进探索历程、试验研究成果，供行业内专家、学者参考。

不足之处，敬请批评指正！

李建刚

2023 年 7 月

目　录

1 装配式混凝土构件制作

1.1 连接插筋位置、锚固长度

1.1.1 连接插筋位置、锚固长度现状

装配式混凝土构件由工厂定型化生产，构件内钢筋的规格、形状、位置、构件尺寸及偏差、混凝土强度等级等控制比较准确。当前装配式混凝土结构安装的主要问题是在梁、柱核心区混凝土现场浇筑时，对构件竖向预留插筋位置控制不严或未采取钢筋位置控制措施，致使钢筋位移。一般现浇混凝土按国家标准《混凝土结构工程施工质量验收规范》(GB 50204—2015) 第5.5.3条的规定，纵向受力钢筋间距允许偏差为±10mm，但施工过程中实际偏差与规范相差较大。有些偏位较小者按1∶6的角度调整才能安装箍筋，有些还要制定专项技术方案进行处理。在现浇结构中钢筋偏差控制较好的也有部分达到20～30mm，现在有些装配式混凝土施工单位还停留在现浇混凝土施工阶段，按现浇混凝土钢筋位置控制方法控制装配式混凝土钢筋位置，装配式混凝土连接插筋中心线允许偏差为±3mm，这样就大大超出装配式混凝土连接插筋中心线的偏差允许值，给构件安装带来了较大困难并留下

了质量隐患。常见预制墙板安装灌浆套筒竖向钢筋对位偏移及锚固通病如图 1-1[1]所示。

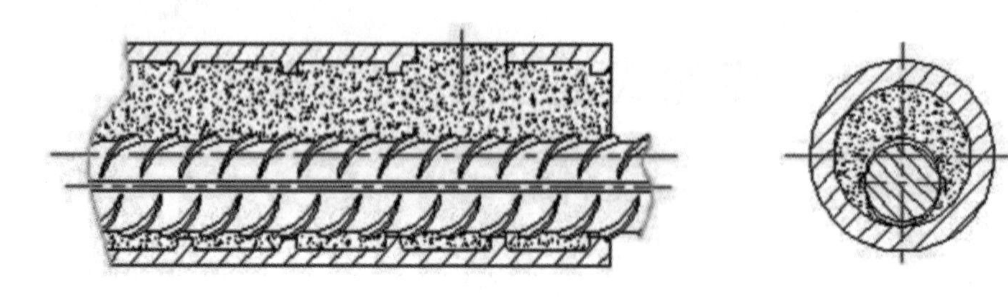

图 1-1　预制墙板安装灌浆套筒竖向钢筋对位问题

全灌浆套筒钢筋连接主要用于水平构件钢筋连接，是灌浆套筒、灌浆料、灌浆端钢筋在灌浆体凝固后共同作用满足接头抗拉质量要求；半灌浆套筒钢筋连接主要是套筒非灌浆端直螺纹连接、灌浆端套筒、灌浆料、预留连接插筋在灌浆料凝固后形成整体，满足接头抗拉质量要求。装配式混凝土竖向结构连接常规采用半灌浆套筒连接，常见问题是插筋位置和锚固长度不足，加上灌浆不饱满、不密实，造成的质量弊端，使钢筋与锚固灌浆体的握裹力不足，抗拉不合格，使灌浆套筒连接的质量较难保证。接头首先要满足连接插筋的锚固长度要求、偏中单向拉伸、对中单向拉伸、高应力反复拉压、大应变反复拉压等试验检测数据合格。如锚固长度不满足要求，试验失败的概率较大，难以满足质量要求。

1.1.2　连接插筋位置、锚固长度改进

对于装配式混凝土竖向构件安装预留坐浆接缝厚度或分仓厚度仅有 20mm，连接插筋插入套筒前钢筋无法扳弯进入套筒。按照行业标准《装配式混凝土结构技术规程》（JGJ 1—2014）[2]第 11.4.2 条的规定，预留插筋的允许偏差：外露长度±5mm，中心

线 3mm（因直径 25mm 及以下半灌浆套筒内部最小尺寸与连接钢筋直径之差为 10mm，直径 25mm 以上半灌浆套筒内部最小尺寸与连接钢筋直径之差为 15mm，钢筋周圆空隙为 5～7mm）。预制构件出厂时预留插筋中心线、长度偏差均应符合规程要求。现场后浇梁板混凝土时对预留竖向插筋位置控制不严，导致插筋偏位。预留插筋长度按照行业标准《装配式混凝土结构技术规程》（JGJ 1—2014）[2]第 7.3.6 条第 3 款、第 8.3.4 条第 1 款、第 9.3.3 条第 1 款及《钢筋连接用灌浆套筒》（JG/T 398—2019）[3]规定的灌浆套筒构造尺寸等，灌浆端钢筋露出楼面的标准尺寸按式（1-1）计算。

$$\text{灌浆端钢筋露出楼面的标准} = 8d + 20\text{mm} + 20\text{mm} \quad (1\text{-}1)$$

式中，$8d$ 为相应规格钢筋锚固长度最小值，d 为锚固钢筋的直径；第一个 20mm 为安装调整值，第二个 20mm 为接缝坐浆厚度或施工方案规定值。

现在由于部分装配式混凝土施工管理人员思想意识未彻底转变，还停留在粗放式现浇混凝土施工阶段，未引起足够的重视，存在钢筋位置控制措施不到位、预留插筋长度不符合规范要求。如套筒灌浆连接钢筋出楼面超过上述计算结果值就应截掉，否则构件难以就位。若工厂内对连接钢筋调整长度未考虑周全或部分操作不当，插筋长度出现超过 5mm 的负差，将影响套筒灌浆连接的灌浆料握裹长度和握裹力，影响结构安全。在现场梁就位后，浇筑核心区混凝土时竖向连接钢筋要严格控制每根钢筋精确位置，防止在后浇混凝土时将竖向钢筋振偏或扳偏，偏差超过 3mm、无法进入灌浆套筒内或沿套筒内壁插入，一侧钢筋无灌浆料填充，影响结构连接件的受力和内力传递。

预制构件制作单位应按施工单位的施工方案根据式（1-1）严格控制连接插筋的长度。现场施工单位应严格控制装配式混凝土梁柱内连接钢筋的准确位置，梁钢筋连接时采用全灌浆套筒在浇筑核心区或叠合梁上部混凝土前进行连接，钢筋接头位置调整至全灌浆套筒中心，进行灌浆后浇筑混凝土；竖向预留插筋在核心区混凝土浇筑后进行钢筋连接，浇筑核心区混凝土时对预留连接插筋位置应严格控制其中心线位置允许偏差。有些施工单位在现场用单层木胶板或其他材料钻孔固定钢筋位置，但对钢筋垂直度未控制，结果导致连接插筋位置控制不准。

图 1-2[4]为笔者推荐现场后浇混凝土时竖向钢筋定位控制钢套板，该钢套板确保钢筋位置准确（中心线偏差小于 3mm），钢筋垂直度符合要求，确保上层预制构件内的套筒与下一层的预留插筋能

(a)

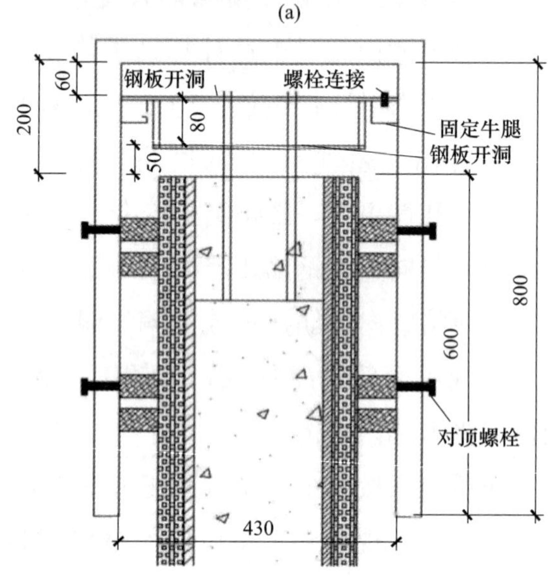

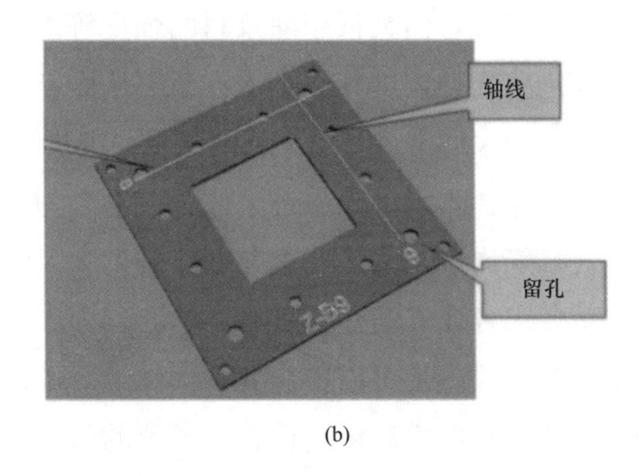

(b)

图 1-2　竖向插筋定位控制钢套板

够顺利对孔进入灌浆套筒的灌浆端。预留插筋长度按式（1-1）控制。

1.2　装配式混凝土竖向构件预制时套筒灌浆端封堵

1.2.1　竖向构件预制时套筒灌浆端封堵现状

竖向构件在预制时套筒灌浆端封堵不严、漏浆现象时有发生。笔者曾遇见过装配式混凝土公司在预制构件时存在管理工作薄弱、缺乏实践经验的情况。在预制墙、柱时，未将套筒灌浆端封堵严密，在浇筑混凝土过程中构件混凝土的浆体漏进半灌浆套筒内，且未在混凝土初凝拆除端部模板后认真检查和清理流进套筒内的水泥浆，在出厂或安装时才发现套筒内流进的水泥浆，再用水钻钻孔的方式进行清理。

笔者认为，套筒灌浆端封闭不严、漏入混凝土的浆体强度高于构件混凝土强度等级，但又低于灌浆料的强度等级。钻孔的构件不能保证套筒内壁无遗留的薄弱层水泥浆，从而影响灌浆料填充的空间，使套筒内浆体有两种材料即混凝土漏进浆体和灌浆料。靠近套筒内壁处的浆体为混凝土漏进浆体强度低且为薄弱层，与套筒握裹力小；插筋周围的浆体为灌浆料，强度高。装配式混凝土结构施工规范要求各允许偏差项控制误差要比现浇结构误差小，只要严于管理，各项误差是可以控制的。构件生产过程中随时检查并控制相关误差，在拆模后认真检查各部位的数据，包括截面尺寸、预留插筋的长度、锚固筋长度、灌浆套筒中心位置、套筒内有无漏浆。构件生产过程中如预留插筋中心线及套筒中心位置等关键数据出现超规范较大时应判定为不合格品部件，有些检验项目出现偏差应及时按施工方案进行处理。套筒灌浆端漏浆在混凝土终凝前及早发现由人工全部掏出漏浆至套筒内壁，做到不留杂物，以免影响套筒内浆体的两张皮、两个强度，影响灌浆套筒的握裹力。

1.2.2 竖向构件预制时套筒灌浆端封堵改进

套筒灌浆端封堵的常规做法是用带有卡具的大橡胶塞塞严、固定好，在浇筑混凝土过程中注意检查这个塞子的位置，不要造成漏浆。其他排气孔、注浆孔也要封堵严，做到不漏浆。这种做法比较烦琐，质量不易控制。笔者正在研究设计套筒下口、排气孔、注浆孔的便拆式封口盖。封口盖材料为 0.5～0.8mm PVC（聚氯乙烯）或薄金属压制而成，正在寻找合作伙伴进行试制。

套筒灌浆端塞口应在模板安装时按构件预制方案施工，塞严塞子，做到不漏气、不漏水、不漏浆。在混凝土浇筑过程中要勤检查半灌浆套筒灌浆端塞口是否漏水、漏浆。如有漏浆情况，在拆除模板后立即处理。如灌浆套筒内漏浆强度较高、量较大且不易清理，构件应按专项施工方案处理或判定为不合格品部件，确保百年大计质量第一。

1.3 装配式混凝土预留锚固筋的处理

1.3.1 预留锚固筋现状

装配式混凝土梁或剪力墙暗梁等受力钢筋锚固有直锚、弯锚、帮条焊锚固、锚固板锚固等几种形式。若预制构件安装就位后后浇混凝土部位空间较大，应优先考虑锚固钢筋直锚，也可考虑弯锚；若预制构件安装就位后梁或暗梁受力钢筋直锚空间不足，就应考虑帮条焊锚固或锚固板锚固。现在钢筋用帮条焊锚固方法，焊接质量欠佳，帮条焊锚固因施工管理人员交底不清、焊工技术水平差、责任心不强，未按现行相关技术要求焊接，未清理焊缝药皮，焊缝宽度、焊缝厚度、焊缝长度等达不到《钢筋焊接及验收规程》(JGJ 18—2012)[5]的相关规定。图 1-3 为某现场钢筋帮条焊锚固照片，未清理焊缝药皮、焊缝宽度、焊缝厚度、焊缝长度不符合规范要求。有些构件预制厂家生产的梁或剪力墙暗梁受力钢筋采用锚固板锚固方法，用直螺纹连接的锚固板在外侧又进行了焊接固定，锚固板与钢筋本应为单一的连接方式，或直螺纹连接或焊接。预留锚固筋锈蚀和污染较普遍，有些已出现老锈起皮和残留混凝土浆，影响钢筋与混凝土之间的握裹和受力，如图 1-4 所示。

图 1-3　某现场钢筋帮条焊锚固照片

图 1-4　锚固筋老锈起皮和残留混凝土浆

1.3.2　预留锚固筋的锚固改进

钢筋锚固板现行规程和国家标准图集对钢筋部分基本锚固长度规定不一致。行业标准《钢筋锚固板应用技术规程》(JGJ 256—2011)[6]第 4.1.1 条规定，锚固长度 l_{ab} 不宜小于 $0.4l_{ab}$（或 $0.4l_{abE}$）；国家建筑标准设计图集《混凝土结构施工图平面整体表示方法制图规则和构造详图》(22G101—1)[7]规定，钢筋部分的锚固长度为基本锚固长度的 60%。《钢筋锚固板应用技术规程》(JGJ 256—2011)[6]和《混凝土结构施工图平面整体表示方法制图规则和构造详图》(22G101-1)[7]对锚固板锚固的钢筋基本锚固长度相差 20%，对于大规格钢筋相差越大，施工验收标准不统一。《钢筋锚固板应用技术规程》(JGJ 256—2011)[6]规定锚固板按材质分为球墨铸铁锚固板、钢板锚固板、锻钢锚固板、铸钢锚固板四种。受力钢筋基本上为合金钢钢筋，《钢筋锚固板应用技术规程》(JGJ 256—2011)[6]规定，钢筋和锚固板可直螺纹连接或焊接连接。锚固板除钢板锚固板外其他三种材质锚固板与钢筋不管用何种焊条进行焊接，焊接合格率都不高。笔者认为，球墨铸铁锚固板、锻钢锚固板、铸钢锚固板与钢筋的焊接连接应用技术有待进一步探索和研究，现在可以采用钢板锚固板穿孔塞焊的方式连接锚固板和钢筋锚固端，其他材质的锚固板与钢筋的焊接有待完善相关的技术要求和操作方法。球墨铸铁锚固板、锻钢锚固板、铸钢锚固板可采用直螺纹连接方式，锚固板的螺纹规格、完整螺纹扣数等可参照直螺纹套筒一端螺纹的规格和扣数、锚固钢筋端直螺纹丝头也参照直螺纹丝头加工要求。锚固板与锚固筋的直螺纹拧紧力矩可参照直螺纹钢筋连接的同规格直螺纹的拧紧力矩。锚固板的规格执行《钢筋锚固板应用技术规程》(JGJ 256—2011)[6]。第五版《建筑施工手册 3》[8]钢筋工程中介绍可采用帮条焊锚固技术。帮条焊锚固分单帮条两条焊缝和双帮条四条焊缝，具体帮条钢筋规格尺寸要求如图 1-5、图 1-6 所示。焊条和焊缝宽度、焊缝厚度按《钢筋焊接及验收规程》(JGJ 18—2012)[5]的相关规定执行。

锚固钢筋锈蚀在预制构件脱模后在锚固钢筋表面涂刷 801 素水泥浆或用钢筋阻锈剂涂刷，以防止锚固钢筋锈蚀。

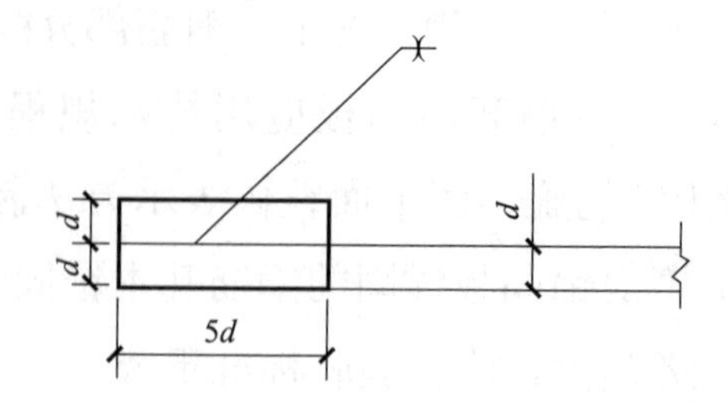

图 1-5　单帮条锚固示意

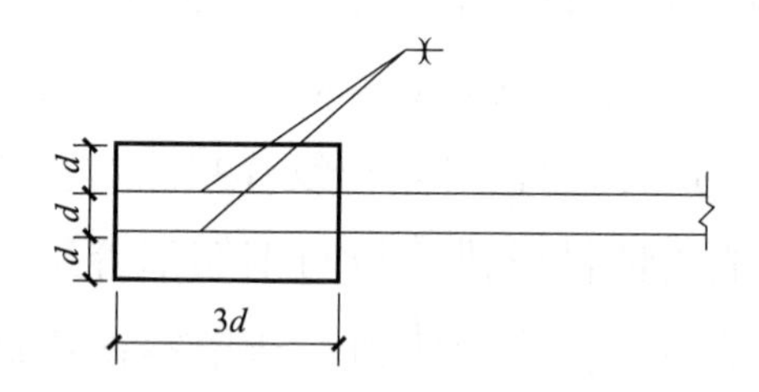

图 1-6　双帮条锚固示意

2　装配式混凝土灌浆套筒连接

装配式混凝土结构钢筋连接主要有两种方式——全灌浆套筒连接和半灌浆套筒连接（连接钢筋直径小于 20mm 可采用浆锚连接方式）。一般的梁、板等水平构件钢筋连接采用全灌浆套筒连接，由于全灌浆套筒连接件水平放置，连接时将对应的钢筋两端头分别插入全灌浆套筒中，两连接钢筋接头调整至全灌浆套筒中心，从灌浆孔注入灌浆浆体，在排浆孔出浆时终止灌浆。柱、墙等竖向构件钢筋连接一般采用半灌浆套筒连接，套筒非灌浆端与钢筋采用直螺纹连接，套筒灌浆端与钢筋采用灌浆连接。按《钢筋连接用灌浆套筒》（JG/T 398—2019）[3]，直螺纹半灌浆套筒连接有三种方式，即直接滚轧直螺纹、剥肋滚轧直螺纹、镦粗直螺纹。笔者认为，直接滚轧直螺纹因 HRB400 级、HRB500 级钢筋原材料表面有凸起的肋和变形，不剥肋直接滚轧直螺纹时容易产生凸牙或螺纹牙形不饱满；镦粗直螺纹是在加工剥肋直螺纹前对钢筋端头进行液压镦粗，直径增大 4～6mm，剥肋滚轧直螺纹后螺纹的凹进处最小尺寸不小于原钢筋直径，一般用于重要的纪念性建筑工程。镦粗直螺纹在现浇结构直螺纹连接中较少被采用；剥肋滚轧直螺纹加工前对钢筋原材表面凸起的肋和变形进行剥肋，加工的丝头不易产生凸牙或螺纹牙形不饱满，用相应规格环规检查，合格率较高。笔者认为，装配式混凝土灌浆套筒非灌浆端连接宜优先选用剥肋滚轧直螺纹连接方式。

装配式混凝土竖向构件钢筋半灌浆套筒连接时由于灌浆浆体流动性大、强度高，要想符合要求必须掺入多种化学添加剂。灌浆材料内含多种化学物质，在浆体制备过程中会产生较多气孔，灌浆浆体在半灌浆套筒内不压缩排出气孔，套筒内浆体饱满度、密实度较难保证，检测合格率较低；由于灌浆体流动性大，灌浆孔堵塞时浆体容易倒流出套筒，造成套筒内浆体不饱满、不密实，这是直接影响钢筋半灌浆套筒连接质量的“老大难”问题，引起建筑科研人员的密切关注。现在虽然有五六种方法检测半灌浆套筒内浆体的饱满度、密实度，但方法欠妥，检测效果不理想。笔者潜心研究多年，于2021年在甘肃省住房和城乡建设厅立项并完成科研项目“装配式混凝土可控密实度、饱满度的半灌浆套筒及施工方法”，经过五代产品的试验研究改进，终于解决了竖向构件安装钢筋连接半灌浆套筒灌浆饱满度、密实度不可控的问题，现予以归纳总结，以配合推进装配式混凝土结构的实践应用。

2.1 半灌浆套筒非灌浆端连接

2.1.1 半灌浆套筒非灌浆端连接现状

装配式混凝土结构半灌浆套筒的非灌浆端采用直螺纹与钢筋连接，另一端采用灌浆连接。在行业标准《钢筋连接用灌浆套筒》(JG/T 398—2019)[3]中对套筒非灌浆端螺纹规格（螺距、角度、丝扣数等）、非灌浆端套筒外径、长度等未较明确规定，验收考核无标准或标准不统一，各个企业生产的半灌浆套筒标准不统一，通用性不强。目前预制现场采购的半灌浆套筒只查验合格证、型式检验报告；非灌浆端外径不检验、内螺纹不用相应规格的塞规去检查；钢筋加工的丝头不查验丝头的外观、完整丝扣数及丝牙质量情况，也不用同规格的环规检查；套筒非灌浆端与钢筋丝头连接，也不用力矩扳手检查拧紧力矩。装配式混凝土结构竖向构件钢筋半灌浆套筒连接留下了一定的结构隐患。因此，半灌浆套筒钢筋连接工艺及相关保证质量的参数可参照钢筋直螺纹连接的相关要求施工和验收。

笔者于2010年购置了三台直螺纹套丝机，为工地进行有偿服务。套丝机上带有各种规格的调试棒。调试棒一端调节剥肋刀间距，另一端调节滚丝轮间距，在套丝时用相应规格的调试棒分别调试剥肋刀和滚丝轮的间距，进行剥肋和丝头样品加工，对样品用相应规格的环规检查，精确调整剥肋刀和滚丝轮的间距，最后进行批量加工。可是有些现场无环规和塞规，钢筋丝头加工人员用已进场的套筒手工套上丝头凭手工拧紧感觉决定套丝的加工参数，这与用环规的通规、止规检查结果相差较大。因套丝人员只加工丝头，现场连接是钢筋工的工作。笔者发现部分工地直螺纹连接试件没有在安装好的钢筋骨架上截取，而是另做试件，造成试件不能代表工程施工质量的实际情况。当试验取样或质检人员要求做试件时，套丝人员重新调整剥肋刀、滚丝轮间距，丝头套标准一点，保证安装后试验时能过关。在编制甘肃省地方标准《钢筋直螺纹连接技术规程》时较忙，笔者停止了此项技术服务。在相关调研过程中，笔者还发现，有些建筑工地对直螺纹接头施工过程缺少严格的工序检查，检查工用具配备不齐全，常用规格的塞规、环规、扭矩扳手缺失，即使配备了很多工地也不检查。半灌浆套筒直螺纹丝头加工和直螺纹连接丝头加工基本一致，有些地方对直螺纹套丝人员没有集中培训和考核发证，套丝粗制滥造。也有部分管理人员业务水平较差，不知道有这项检查工作。

鉴于此，2013 年开始，笔者搜集相关技术资料，调研钢筋直螺纹连接的现状，于 2014 年主编完成了甘肃省地方标准《钢筋直螺纹连接技术规程》（DB62/T25-3082-2014）[9]。2018 年开始研究钢筋竖向半灌浆套筒连接灌浆饱满度、密实度的施工控制课题，2019 年申请了“一种装配式混凝土半灌浆套筒”专利，2020 年得到受权后笔者投入精力研发此项专利产品，2021 年笔者申请甘肃省建设科研项目“装配式混凝土可控密实度、饱满度的半灌浆套筒及施工方法”课题研究，自行设计了第一、二代产品，在制作半灌浆套筒的螺纹端时用相应规格的塞规进行检验，加工钢筋丝头时用同规格环规检验，灌浆套筒非灌浆端和钢筋连接时安装比较顺利，拧紧力矩也达到同规格钢筋直螺纹连接的要求。在进行第三代产品试验时笔者购买了合格产品，结果在套丝机上加工的丝头无法安装，重新购置新的滚丝轮套丝后也无法安装，最后拿着灌浆套筒和较多数量的钢筋头去金属结构厂由厂家参照半灌浆套筒螺纹数据用数控机床对钢筋套丝，才完成了灌浆套筒与钢筋的连接。笔者还发现工地上工人加工时将剥肋刀和滚丝轮间距调小，加工的丝头比合格的同规格丝头小，可以很轻松地进行连接，但用扭矩扳手检测是不合格的。

2.1.2 半灌浆套筒非灌浆端连接改进

笔者认为，半灌浆套筒非灌浆端可按钢筋直螺纹连接的相关规定指导施工和验收。灌浆套筒非灌浆端采用直螺纹连接要传递钢筋的拉力，套筒上的内螺纹和钢筋丝头螺纹必须匹配，两者的配合精度要达到《普通螺纹 公差》(GB/T 197—2018)[10]规定6f级精度才能满足传递内力的要求。这个配合精度包括非灌浆端内螺纹用同规格的塞规检验，塞通规能顺利通过全丝、塞止规旋进不能大于3扣。丝头完整丝扣数、秃牙不得超过1个螺纹周长，再用同规格的环规检验，通环规顺利通过丝头全丝、止环规旋进不能大于3扣。连接时的拧紧力矩等应参照《钢筋直螺纹连接技术规程》(DB62/T25-3082-2014)[9]的规定。笔者通过多年实践和大量调研，在编制《钢筋直螺纹连接技术规程》(DB62/T25-3082-2014)[9]时，对每个规格的直螺纹螺距、角度、完整扣数、直螺纹连接安装的拧紧力矩等进行了规定，经过近十年的使用，取得了较好的反馈。行业标准《钢筋连接用灌浆套筒》(JG/T 398—2019)[3]对半灌浆套筒的直螺纹螺距、角度、完整牙数、非灌浆端外径、直螺纹的长度、外观检验等数据未做规定。笔者认为，可以参照甘肃地方标准《钢筋直螺纹连接技术规程》(DB62/T25-3082-2014)[9]的相关规定。

灌浆套筒材质和其他指标应符合行业标准《钢筋连接用灌浆套筒》(JG/T 398—2019)[3]的相关要求。半灌浆套筒非灌浆端最小几何尺寸、尺寸公差及外观要求、检验要求、连接接头最小拧紧力矩值、钢筋剥肋滚轧直螺纹丝头加工参数、钢筋直螺纹丝头质量检验要求可参照甘肃地方标准《钢筋直螺纹连接技术规程》(DB62/T25-3082-2014)[9]的规定执行（表2-1～表2-6）。

表2-1 半灌浆套筒非灌浆端最小几何尺寸 mm

级别	尺寸	12	14	16	18	20	22	25	28	32	36	40
≤400级	外径 D	19	21	24.0	27.0	30.0	32.5	37.0	41.5	47.5	53.0	59.0
	长度 L	35.0	36.0	36.0	41.0	45.0	49.0	56.0	62.0	70.0	78.0	86.0

续表

级别	尺寸	12	14	16	18	20	22	25	28	32	36	40
500级	外径 D	22	24	25.5	28.5	31.5	34.5	39.5	44.0	50.5	56.5	62.5
	长度 L	37.0	38.0	40.0	46.0	50.0	54.0	62.0	68.0	76.0	84.0	92.0
螺纹代号		M12.5×2.5	M14.5×2.5	M16.5×2.5	M19.0×2.5	M21.0×2.5	M23.0×2.5	M26.0×2.5	M29.0×3.0	M33.0×3.0	M37.0×3.0	M41.0×3.0

注：套筒标准型、正反丝头型外径和长度均应相同。异径型外径、长度同大端螺纹套筒的尺寸。

表 2-2　半灌浆套筒非灌浆端尺寸公差及外观要求 mm

外径（D）允许偏差		螺纹公差	长度允许偏差	外观要求
加工表面	非加工表面	应满足国标 GB/T 197 中的 6H 级的要求	±1.0	1. 无肉眼可见裂缝或其他缺陷； 2. 有明显的套筒标识； 3. 允许有锈斑或浮锈，不允许有锈皮
±0.50	$20<D\leqslant30$，±0.5 $30<D\leqslant50$，±0.6 $D>50$，±0.8			

表 2-3　半灌浆套筒非灌浆端套筒的检验要求

序号	检验项目	量具名称	检验要求
1	外观质量	目测	符合表 2-2 的要求
2	外观尺寸	游标卡尺或其他量具	符合表 2-1、表 2-2 的要求
3	螺纹小径	光面塞规	通端塞规应能通过螺纹的小径，而止端塞规则不能通过螺纹小径
4	螺纹中径	通端塞规	能顺利旋入连接套筒两端，并达到旋合长度
		止端塞规	塞规不能通过套筒内螺纹，但允许从套筒两端部分旋合，嵌入量不超过 $3P$（P 为螺距）

表 2-4 半灌浆套筒非灌浆端连接接头最小拧紧力矩值

钢筋直径（mm）	≤16	18～20	22～25	28～32	36～40
拧紧力矩（N·m）	100	200	260	320	360

表 2-5 钢筋剥肋滚轧直螺纹丝头参数 mm

钢筋格规	12	14	16	18	20	22	25	28	32	36	40
螺纹代号	M12.5×2.5	M14.5×2.5	M16.5×2.5	M19.0×2.5	M21.0×2.5	M23.0×2.5	M26.0×2.5	M29.0×3.0	M33.0×3.0	M37.0×3.0	M41.0×3.0
剥肋最小直径	11.2.	13.2	15.2	17.0	18.9	20.9	23.8	26.7	30.6	34.6	38.1
螺纹长度（400 级/500 级）	17.5/18.5	18.0/19.0	18.0/20.0	20.5/23.0	22.5/25.0	24.5/27.0	28.0/31.0	31.0/34.0	35.0/38.0	39.0/42.0	43.0/46.0
完整丝扣数	≥7	≥7	≥7	≥8	≥8	≥9	≥10	≥10	≥11	≥12	≥13

注：400 级和 500 级的丝头长度不含套筒外一扣丝长度。

表 2-6 钢筋直螺纹丝头质量检验要求

序号	检验项目	检验方法	检验要求
1	外观质量	目测	牙形饱满、牙顶宽度超过 0.25P 的秃牙部分，其累计长度不宜超过一个螺纹周长
2	丝头长度	专用量具	丝头长度应满足《钢筋直螺纹连接技术规程》要求，标准型接头的丝头长度公差为 $+1P$
3	螺纹中径	通端螺纹环规	能顺利旋入螺纹并达到旋合长度
		止端螺纹环规	允许环规与端部螺纹部分旋合，旋入量不应超过 3P

注：P 为螺距。

半灌浆套筒进场后套筒端的检验可参照表2-1～表2-3的相关指标进行验收，合格后用于工程。钢筋丝头端现场加工可参照表2-5、表2-6进行，验收合格后用于工程。在预制构件钢筋安装之前应做好钢筋与半灌浆套筒的连接，安装的拧紧力矩可参照表2-4的相应规定实施。

2.2 半灌浆套筒灌浆饱满度、密实度控制

2.2.1 半套筒灌浆饱满、密实的施工现状

半灌浆套筒灌浆孔和排浆孔现行设计孔的内径基本上都是16mm的开口构造，灌浆饱满度、密实度无法控制。半灌浆套筒在工程中基本上是竖向使用，从下端灌浆孔注浆，上端排浆孔出浆为止，对此有些专家提出排浆孔流浆要高出排浆孔内下表面3～5mm，但因灌浆料流动性达到260～300mm，无法保证3～5mm（超过排浆孔就外流的）。规范要求灌浆料采用强度不低于85MPa高强灌浆料，而水泥强度只有42.5MPa，灌浆料中掺入几种外加剂，提高了流动性和强度，灌浆不密实可能难以达到此强度。此外，排浆孔开放（不控制），对其内浆体不加压也很难达到密实度。在注浆孔堵塞时，浆体倒流，严重影响灌浆套筒中灌浆饱满度、密实度。常规套筒灌浆施工步骤如图2-1所示。图2-1（a）为用橡胶堵塞排气孔；图2-1（b）为灌浆35min后拔出橡胶塞检查上部排浆孔的浆料饱满度，打×者为不饱满；图2-1（c）为套筒上排浆口和另设排气兼补浆管安装透明塑料嘴和阀门；图2-1（d）为检测后设专人进行补浆，实践证明在灌浆后30min内，浆料仍有流动性，从高位排浆兼观察孔内可以进行微重力流补浆；

图 2-1（e）为每个灌浆套筒排浆口设置 PVC 弯管，观察并补浆。

(a)

(b)

(c)

(d)

(e)

图 2-1 常规套筒灌浆施工步骤

自2017年开始推广装配式混凝土这一技术，直至2018年工程质量检查人员对某城市的建筑物进行破损检查时，才发现半灌浆套筒灌浆不饱满、不密实，以及预留连接插筋长度不足等质量隐患，直接影响建筑结构的安全。

某地工程质量检查人员对某工程检查情况如下：检查发现，排浆口用木塞塞口时浆体倒流严重，木塞口处空洞，套筒腔内不饱满、不密实（图2-2）；预制柱钢筋连接套筒灌浆饱满度从排浆口内简易检测，这种检测只能检测到排浆口附近处，套筒腔内无法检测证实（图2-3）；为保证预制柱套筒灌浆饱满，在柱底截面中部设高位灌浆观察和补浆管，高位排气管兼作补浆管，主要靠微重力流排气、排水，作用有限，补浆较难保证套筒腔内浆体密实（图2-4）；各种套筒灌浆饱满度检测均有不足，传感器在灌浆过程中有可能接触套筒壁或钢筋影响传感器周围介质特性与其振

图2-2　随机抽检灌浆质量

动衰减性能，较难全面、精确反映套筒内浆体充满情况（图 2-5）；在一些工程上质检部门实体凿出与钢筋连接的灌浆套筒并取样，进行拉拔试验和剖开检查饱满度（图 2-6）；采取全凿除破损法实体抽检套筒灌浆饱满度和钢筋锚入长度（图 2-7）；凿出套筒并进行拉拔试验和剖开检查饱满度（图 2-8）。

图 2-3　排浆口内简易检测

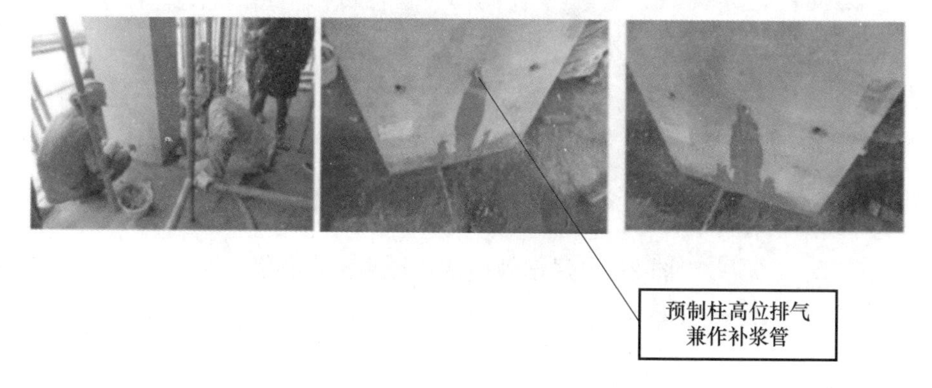

图 2-4　柱底截面中部设高位灌浆观察和补浆管

图 2-5　各种套筒灌浆饱满度检测

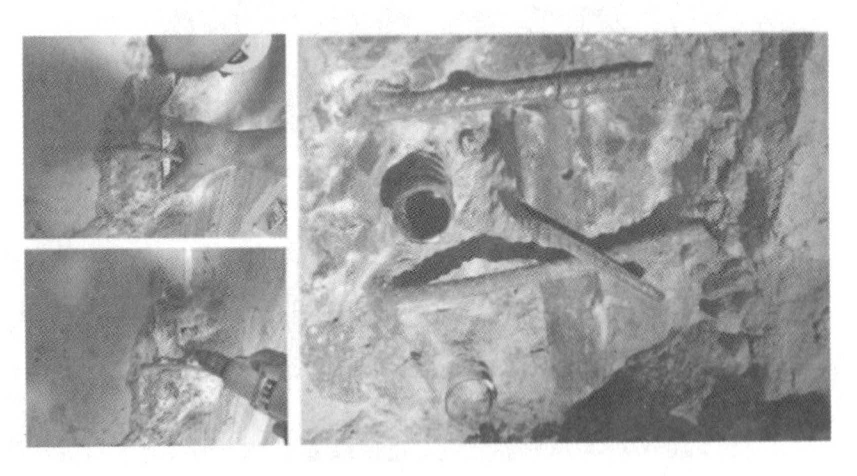

图 2-6　局部破损钻孔检测套筒灌浆

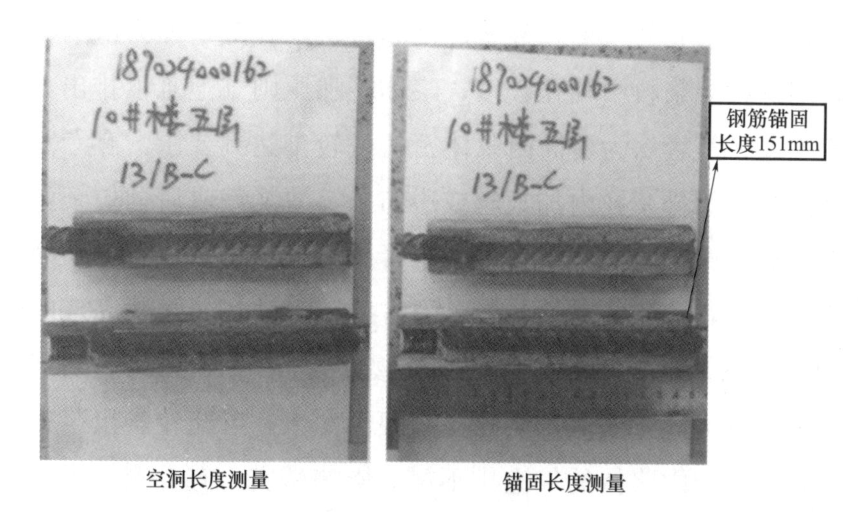

图 2-7　采取全凿除破损法实体抽检套筒灌浆

图 2-8　拉拔试验和剖开检查饱满度

灌浆套筒内灌浆不饱满、不密实，影响套筒、灌浆料、钢筋三者的共同作用和钢筋的握裹力，给工程留下结构安全隐患。

现行灌浆套筒在灌浆孔封堵时浆体会出现倒流，加之本身灌浆欠密实的问题，有些套筒生产厂家宣传做试件时水平放置灌浆，套筒内浆体可保证饱满度、密实度，试验合格，可是在工程结构中灌浆套筒为竖向使用，连接质量令人疑虑。

2018 年开始国内较多科研机构、高等院校都在研究怎样检测半灌浆套筒浆体饱满度、密实度这一难题。有些专家认为，在排浆孔上安装L形连通管，注浆高度超过排浆孔上口即为饱满度合格，因这种灌浆料中气孔较多，浆体不加压则气泡难以排出，影响密实度；笔者认为套筒内浆体密实度较难达到要求。有专家提出在灌浆套筒排浆孔内加细丝或小布条，灌浆完成后抽拉细丝或小布条凭手感判定灌浆饱满度。笔者认为这种做法欠科学，因抽拉人员不同，抽拉的感觉各异，同时抽拉时破坏了灌浆完成的浆体初始状态。有专家提出将排浆孔接管提高1m，出浆后判定合格。笔者认为此方法对排浆孔提高幅度太大，可能较难出浆或只出稀浆，套筒内浆体的气泡排不尽，影响密实。有专家提出注浆时在排浆孔内预埋芯片并与电脑连接，在灌浆过程中用芯片振动来判别，但是如果芯片靠近套筒内壁或钢筋振动减弱，会影响对饱满度的判断。有专家提出在灌浆饱满度、密实度检验中用红外线照相技术检查，红外线要穿过混凝土、半灌浆套筒、灌浆料等，对照相设备要求较高。笔者认为即使研制出高性能照相机技术，也只是事后把关，它的作用就像钢结构焊接的探伤检验一样，即使检验出灌浆不饱满、不密实，想要弥补也仍然十分困难。

2.2.2 保证套筒灌浆饱满、密实施工的改进

笔者通过探索，志在寻求一种方法能在灌浆过程中控制观测（察）半灌浆套筒灌浆饱满度、密实度的方法。笔者通过对预应力后张法灌浆过程的观察研究将现有半灌浆套筒的排浆孔改成了排气孔，在孔内安装可移动的圆台形塞栓，塞栓中心有2mm圆孔，周边有2mm的半圆形排气孔，排气孔内呈圆锥形，圆台形塞栓在排气孔内可移动，灌浆开始前将塞栓向里推，随着压力灌浆过程的进行，套筒内浆体逐渐饱满，排气孔出现排气、排水、排稀

浆、排稠浆、塞栓移动与排气孔外平，证明半灌浆套筒的灌浆饱满度、密实度达到控制的目的。此研究获得专利“一种装配式混凝土半灌浆套筒”（专利号：ZL201921341900.7）。笔者经过2021年近一年的时间对专利进行产品试制、灌浆、剖开检查、持续改进等探索。第一代产品在外加工时，操作者因对图纸理解错误，致使产品无法使用。第二代产品按专利技术改进了排浆孔，灌浆时随着压力注浆在灌浆过程中排气孔有排气、排水、排稀浆、排稠浆、塞栓向外移动至外平五个现象；套筒内空间较小，排气、排水两个过程很短暂，稍不注意不会被发现，但排稀浆、排稠浆、塞栓外移现象较为明显，有这三个现象可判断套筒内浆体达到饱满、密实状态。在灌浆试验研究时我们仔细观察这五个现象均会出现，剖开检查发现套筒内浆体达到饱满密实状态。可是在用木塞堵塞灌浆口时，由于浆体流动度达260～300mm，瞬间流出浆体较多，影响灌浆饱满度和密实度。笔者又研发第三代产品，在灌浆孔上加了快速封堵插板，和木塞封堵灌浆孔相比有较大改观，封堵灌浆孔时倒流灌浆料较少。笔者又研发和申请了“带有注浆口快速封堵构造的装配式混凝土竖向灌浆套筒”（专利号：ZL202120974929.X）。可是在预制混凝土构件内封堵插板不现实，封堵部分外露高出构件表面安装模板要特殊处理，并且灌浆料达到强度后要切割高出的灌浆快速封堵口，增加了工序，也不利于环保和绿色施工。笔者随即研制了第四代产品，将灌浆孔快速封堵孔改造为可拆卸式，将灌浆口快速封堵构造放在预制构件外，灌浆孔两段用机械卡式连接，预制构件中灌浆孔用盖子盖好，避免灌浆孔内流入混凝土或其他材料，在灌浆时取掉盖子，安装卡式带快速封堵构造的外灌浆口。灌浆前用卡式连接，解决了影响模板正常安装的困难，快速封堵使浆体倒流也变少。但是笔者认为还不完美，没有完全杜绝浆体倒流的缺陷。笔者又改进研制了第五代产品，将带快速封堵的可拆卸式灌浆口尾部加长 20mm，注浆在快速封堵后安装的灌浆口外侧进行，快速封堵装置在靠近后安装的接头处，灌浆完成稳压后先关闭快速封堵装置后移开注浆枪嘴，这样在灌浆套筒中不会出现浆体倒流，达到较为理想的状态。

经过五代产品的改进和试验，终于确定了定型的产品。一至五代产品照片及灌浆后剖开情况如图 2-9、图 2-10 所示。

2021 年笔者作为项目负责人申报并承担了甘肃省建设科研项目“装配式混凝土可控密实度、饱满度的半灌浆套筒及施工方法”（项目编号：JK2021-39）课题，顺利通过了验收，并被甘肃省土木建筑学会评为 2021 年科学技术三等奖。这一课题研究成果得到了有关专家的肯定。他们认为，此项研究的科学价值较高，建议尽快组织推广，以解决装配式混凝土结构竖向构件钢筋灌浆套筒连接灌浆不饱满、不密实的行业难题。

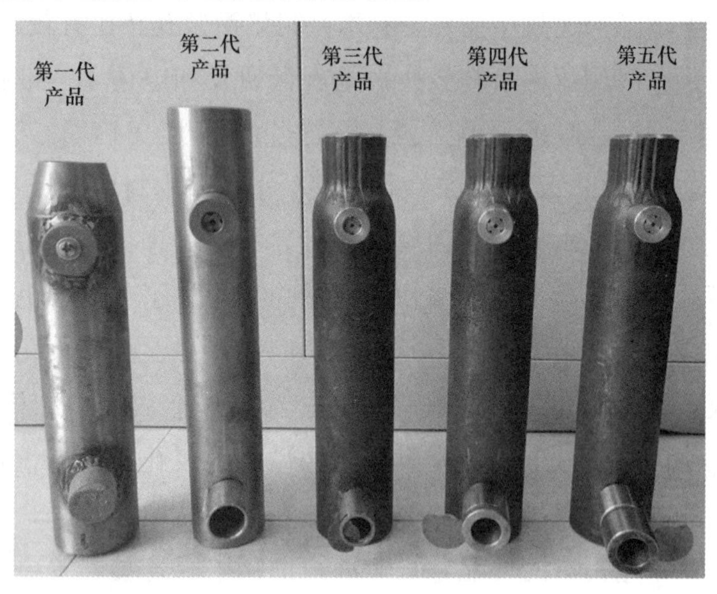

图 2-9　第一代至第五代产品

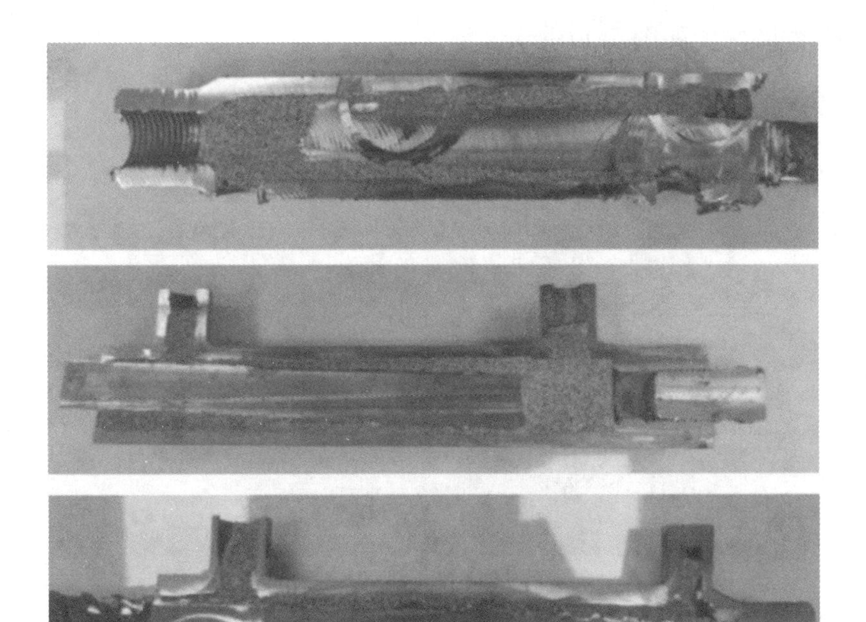

图 2-10 注浆剖开情况

2.3 装配式混凝土全灌浆套筒钢筋连接

2.3.1 全灌浆套筒钢筋连接现状

装配式混凝土全灌浆套筒钢筋连接一般用于水平构件钢筋连接。在梁、板等水平构件安装时将全灌浆套筒安装于连接的钢筋上，构件就位后调整全灌浆套筒，使连接钢筋两端头位于全灌浆套筒中间位置。开始从全灌浆套筒一端的灌浆孔灌浆，另一个排浆孔溢出浆视为灌浆符合要求。笔者认为这样只是全灌浆套筒内浆体灌满，达不到密实状态，灌浆体中气体没有被排出。全灌浆套筒灌浆方式如图 2-11 所示。

图 2-11 全灌浆套筒灌浆方式

全灌浆套筒连接没有剖开检查过，饱满程度不得而知，灌浆时没有加压，欠密实是可能出现的。

2.3.2 全灌浆套筒钢筋连接改进

笔者认为，装配式混凝土全灌浆套筒连接在灌浆前应在排浆孔设带排气孔的木塞，在灌浆过程中排气孔排气、排水、排稀浆，至排出稠浆灌浆结束。在排浆孔加木塞，由灌浆加压排出浆体中分泌的气体、水分、稀浆，这样做套筒内浆体才能达到密实状态。

2.4 套筒灌浆钢筋连接试验检测

2.4.1 套筒灌浆钢筋连接试验检测现状

在这里首先要明确一个容易混淆的概念，灌浆套筒出厂型式检验报告不能代替现场的性能检验报告。灌浆套筒出厂型式检验报告是对灌浆套筒的检验报告，有这个型式检验报告只能说明该批灌浆套筒性能合格或生产厂家的生产工艺符合要求，不能反映其在具体工程和施工现场的使用情况，因为每个工地所用的钢筋力学指标不一定和灌浆套筒生产厂家型式检验用的钢筋性能完全一致，在制作试件时的环境温度、湿度、养护条件、养护方法等也有所不同，任何一个指标或环境改变都会对试验结果造成影响。套筒灌浆连接钢筋试件要针对现场条件、环境、养护方法的不同按《钢筋连接用灌浆套筒》（JG/T 398—2019）[3]规定制作标准试件。

现在国内一些检测公司对灌浆套筒钢筋连接只做钢筋母材试验和对中单向拉伸，没有做偏中单向拉伸及高应力反复拉压、大应变反复拉压试验，检测公司给出的结论为Ⅰ级接头（因装配式混凝土竖向结构钢筋连接接头基本在楼层面处，且接头在同一截面内，接头要求必须为Ⅰ级接头）。2022 年笔者发现部分检测单位对钢筋直螺纹接头试验仅做单向拉伸便判定为Ⅰ级接头，对此笔者和有关专家进行了沟通，他们也认为这样的报告和判定有缺陷。经实地调查，较多试验检测单位没有做高应力反复拉压、大应变反复拉压试验的设备，少数行业主管人员不了解相关规范、规程，检查时忽略了这方面的检查。

套筒灌浆钢筋连接的高应力反复拉压、大应变反复拉压试验指标是对接头的延性指标的重要考核数据，按相关规范、规程不做高应力反复拉压、大应变反复拉压试验，仅凭单向拉伸一项指标合格就做出判定结果，其中可能隐含其他指标的潜在不合格，套筒灌浆钢筋连接有可能实际达不到Ⅰ级接头。套筒灌浆钢筋连接达不到Ⅰ级接头，接头就应错开位置，不能在楼层面有 100%

的接头；套筒灌浆钢筋连接接头错开又不便于构件预制和安装，将性能质量不达标的接头连接于同一个连接区段，也会给工程结构带来一定隐患。

按照行业标准《钢筋套筒灌浆连接应用技术规程》（JGJ 355—2015）[11]的规定，灌浆套筒和灌浆料要匹配使用。这一概念较模糊，怎样匹配没有交代清楚。笔者认为，只要灌浆料中氯离子含量符合要求、灌浆套筒的化学成分与灌浆料不产生有害的化学反应即可。有些套筒生产厂家和少量工程技术人员认为，灌浆套筒和灌浆料为同一科研单位生产才为匹配。对此理解笔者有疑虑。

2.4.2 套筒灌浆钢筋连接试验检测改进

按照行业标准《钢筋连接用灌浆套筒》（JG/T 398—2019）[3]附录A的要求，灌浆套筒钢筋连接试验检测每种规格一组要做15根试件，其中力学性能试验项目有钢筋母材试验、偏中单向拉伸、对中单向拉伸、高应力反复拉压、大应变反复拉压各3个试件，试验检测结果应符合《钢筋连接用灌浆套筒》（JG/T 398—2019）[3]及《钢筋机械连接技术规程》（JGJ 107—2016）[12]的要求。灌浆料还需做抗压试件6个，由于做套筒灌浆连接全项的试验检测单位很少，目前试验费每组需要1万元左右，致使有些单位未按行业标准《钢筋连接用灌浆套筒》（JG/T 398—2019）[3]认真进行试验，同时有些检测公司没有做高应力反复拉压、大应变反复拉压的设备。2023年随着《建设工程质量检测管理办法》（中华人民共和国住房和城乡建设部令第57号）和《住房和城乡建设部关于印发〈建设工程质量检测机构资质标准〉的通知》（建质规〔2023〕1号）的施行，相信钢筋直螺纹连接和半灌浆套筒连接质量检测会尽快走上正轨，试验设备不全、试验数据不全的现象也会得到治理。笔者认为，各检测公司要配齐检测设备（包括做机械连接接头的大应变反复拉压、高应力反复拉压等），试验检测人员应熟悉和掌握现行试验标准。

3 装配式混凝土预制柱安装

3.1 预制柱安装灌浆堵缝、围挡

3.1.1 预制柱安装灌浆堵缝、围挡现状

笔者 2017 年去上海、深圳、湖南等地考察装配式混凝土结构施工时，有些工程技术人员认为预制柱安装灌浆堵缝砂浆封堵数量很难控制，堵缝砂浆用少了压力注浆会被冲开；堵缝砂浆用多了会占用上下两构件接触面间灌浆料的填充空间，并且构件接头范围内材料强度不稳定，影响结构质量。堵缝厚度仅 20mm，且操作没有直观性，手工操作不方便控制，预制柱安装堵缝的技术操作问题较难得到解决。

因为堵缝砂浆强度和灌浆料强度相比差距较大，无论堵多还是堵少，在和灌浆料混合作用构件结合面的空间内，材料都具有较大的不均匀性，堵缝材料强度或配合比也没有规程等技术标准规定，使用的水泥强度等级也未规定，随意性很大，不便于管理，也不便于操作，对质量有一定影响。

3.1.2 预制柱安装灌浆堵缝、围挡改进

对于预制柱安装灌浆堵缝用砂浆暂无强度等级的要求，主要

材料水泥强度未有技术规定，是否掺加外加剂也无资料可依，这对于施工管理和具体操作带来了一定困难。为了有效解决这个问题，笔者通过研究使用角钢、扁铁、密封胶条、膨胀螺栓等封堵围挡灌浆堵缝，试验取得了成功。对中间构件四周用∟ 50×5 角钢，角钢和构件间用密封胶条密封，角钢用膨胀螺栓固定于构件上，做到角钢上口和楼面处不漏浆；对边缘构件外侧用扁钢、密封胶条、膨胀螺栓紧固在上下构件接缝处，做到扁铁上下口不漏浆，其他三面和中间构件同样用角钢、密封胶条、膨胀螺栓紧固好，做到角钢上口和楼面不漏浆。这样做构件接触底面空间内会全部充满灌浆料，保证了构件接触底面空间材料的均质性。角钢、扁铁、密封胶条都可重复使用，每次只消耗几个小规格的膨胀螺栓，节约了砂浆和堵缝的部分人工。这项研究和试验结果成功获得“一种装配式混凝土结构竖向构件安装灌浆堵缝构造”国家专利技术（专利号：ZL201821485009 9.9），解决了这项施工难题。

3.2 竖向构件坐浆强度、稠度、厚度

3.2.1 竖向构件坐浆强度、稠度、厚度现状

随着装配式混凝土结构推广量的不断增大，业内积极探索新方法的人士增多，建筑工人在预制柱安装时采取坐浆方法，柱安装就位前在安装位置铺设一定量的砂浆再就位竖向构件，但具体操作没有技术规定，做法不统一，砂浆强度、稠度没有技术标准规定，坐浆周边未围挡，坐浆厚度也未明确规定，各施工单位自行掌握，随意性较大，不便于质量控制。

目前预制柱安装坐浆本应是施工技术的发展结果，可是由于没有正确的理论指导，坐浆周边无围挡、坐浆砂浆强度无具体规定、坐浆厚度不一、质量无法保证。坐浆砂浆强度和厚度的不统一，会造成在上下预制柱或在中间形成强度较低的夹层，致使竖向构件强度等级不一致，如强度等级较低在施工过程中还会产生徐变沉降，影响结构使用或质量安全，坐浆厚度不一致还可能造成楼面标高偏差超标。

3.2.2 竖向构件坐浆强度、稠度、厚度改进

针对竖向构件安装坐浆的各种不统一操作带来的质量安全等缺陷和弊端。笔者提出以下建议：

（1）竖向构件安装坐浆砂浆强度应比安装的构件混凝土强度等级提高一级，这样做从竖向构件安装总体看强度较稳定，中间没有了薄弱层，保证了强度。

（2）坐浆前构件四周要采用角钢或钢板用膨胀螺栓密封胶条固定进行围挡，围挡高 50mm 左右。

（3）坐浆砂浆厚度按 25mm 进行控制，在坐浆砂浆内构件就位的四角和中间砂浆内放置数个 ϕ20mm、长度 30mm 左右的钢筋来控制坐浆厚度，坐浆层厚度就标准的控制在 20mm，使坐浆压入竖向构件灌浆套筒内 5mm，控制好坐浆浆体进入构件下部套筒内不超过 5mm，否则调整坐浆的虚铺厚度，因虚铺厚度受构件截面面积和构件内连接钢筋数量等影响。若坐浆砂浆进入套筒灌浆端超过 5mm 会影响套筒内灌浆料占据的空间和钢筋锚固长度，套筒灌浆端被坐浆料封闭，灌浆料就不会乱流，分仓也就不必要做了。

（4）坐浆砂浆的稠度和流动性较小，一般的水泥砂浆楼地面施工砂浆的稠度不大于35mm。笔者认为，装配式混凝土结构竖向构件安装坐浆砂浆稠度不宜大于30mm。以上从坐浆砂浆强度等级、砂浆虚铺厚度控制方法、砂浆稠度、周边围挡等进行定量、定性的规定，便于管理和实际操作，最大限度地保证坐浆的质量和半灌浆套筒下口的封堵，防止灌浆浆体在乱流和串孔的缺陷。

4 装配式混凝土剪力墙安装

装配式混凝土剪力墙分类较多，有内、外墙；外墙有结构保温与非结构保温外墙、承重与非承重外墙、镶嵌式安装外墙和外挂式安装外墙；内墙有混凝土剪力墙、轻质条板墙和轻质拉结砌块墙等。

预制墙板安装流程包括预制墙板吊装、预制墙板定位、预制墙板斜支撑安装、墙板精确调节、现浇节点钢筋绑扎、机电线盒、线管埋设、预制墙板灌浆、PC板安装、墙体混凝土浇筑、预制混凝土绝热夹芯板垂直缝防水构造等工艺流程。

4.1 装配式混凝土承重剪力墙安装

4.1.1 承重剪力墙安装设计要求

剪力墙结构配筋有传统规范做法和创新型做法两种。国家标准《装配式混凝土建筑技术标准》（GB/T 51231—2016）[13]第5.7.10条规定，当上下层预制剪力墙竖向钢筋采用灌浆套筒连接时，应符合下列规定：

（1）当竖向分布钢筋采用“梅花形”部分连接时（图4-1），连接钢筋的配筋率不应小于国家标准《建筑抗震设计规范》（GB

50011—2010）（2016 年版）[14]规定的剪力墙竖向分布钢筋最小配筋率要求，连接钢筋的直径不应小于 12mm，同侧间距不应大于 600mm，且在剪力墙构件承载力设计和分布钢筋配筋率计算中不得计入未连接的分布钢筋；未连接的竖向分布钢筋直径不应小于 6mm。

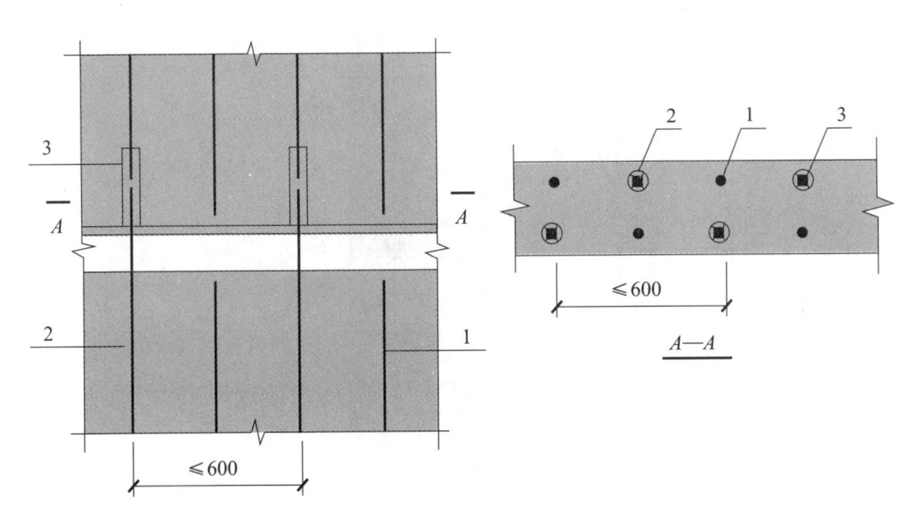

图 4-1 竖向分布钢筋“梅花形”套筒灌浆连接构造示意

1—未连接的竖向分布钢筋；2—连接的竖向分布钢筋；3—灌浆套筒

（2）当竖向分布钢筋采用单排连接时（图 4-2），应符合《装配式混凝土建筑技术标准》（GB/T 51231—2016）[13]第 5.4.2 条的规定；剪力墙两侧竖向分布钢筋与配置于墙体厚度中部的连接钢筋搭接连接，连接钢筋位于内、外侧被连接钢筋的中间；连接钢筋受拉承载力不应小于上下层被连接钢筋受拉承载力较大值的 1.1 倍，间距不宜大于 300mm。下层剪力墙连接钢筋自下层预制墙顶算起的埋置长度不应小于 $1.2l_{aE}+b_w/2$（b_w 为墙体厚度），上层剪力墙连接钢筋自套筒顶面算起的埋置长度不应小于 l_{aE}（受拉钢筋抗震锚固长度），上层连接钢筋顶部至套筒底部的长度尚不应小

于 $1.2l_{aE}+b_w/2$，l_{aE}按连接钢筋直径计算。钢筋连接长度范围内应配置拉筋，同一连接接头内的拉筋配筋面积不应小于连接钢筋的面积；拉筋沿竖向的间距不应大于水平分布钢筋间距，且不宜大于150mm；拉筋沿水平方向的间距不应大于竖向分布钢筋间距，直径不应小于6mm；拉筋应紧靠连接钢筋，并钩住最外层分布钢筋。

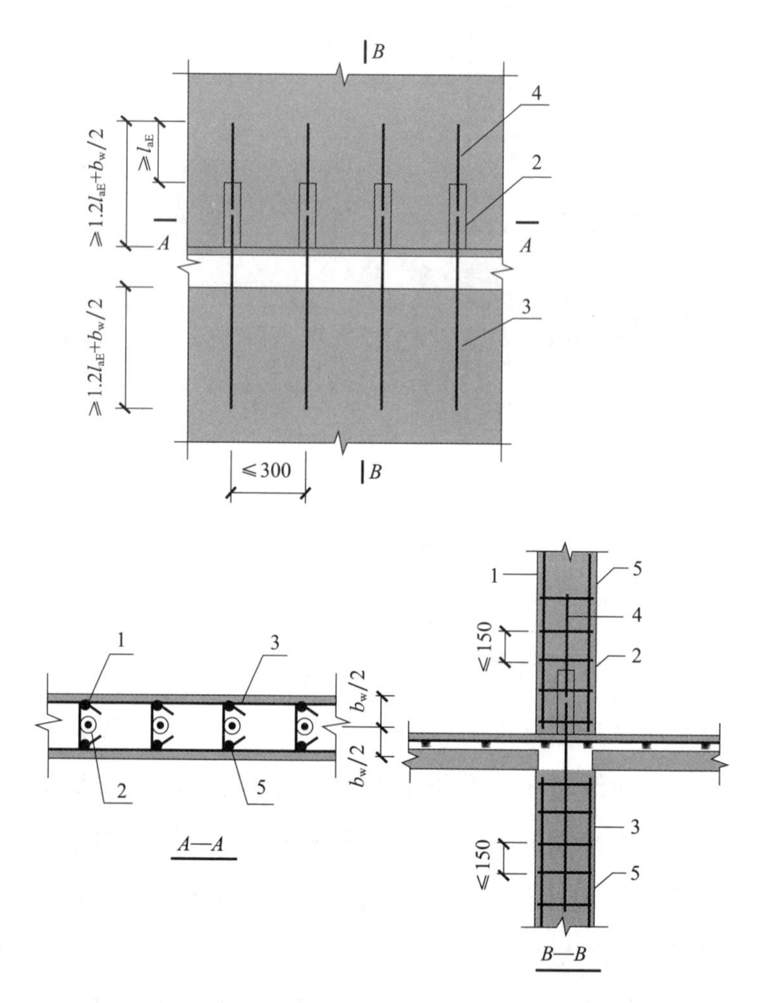

图 4-2　竖向分布钢筋单排套筒灌浆连接构造示意

1—上层预制剪力墙竖向分布钢筋；2—灌浆套筒；3—下层剪力墙连接钢筋；4—上层剪力墙连接钢筋；5—拉筋

4.1.2 承重剪力墙安装现状

预制剪力墙工厂化生产构件规格尺寸、平整度、配筋、混凝土强度等级、预留连接插筋、锚筋的位置是符合设计要求的。预制剪力墙安装需要解决的主要问题是：（1）剪力墙安装完浇筑梁板后浇混凝土时对预留连接插筋的定位控制措施不到位。目前常规做法是用定位箍筋粗略定位或用工地胶合板钻孔套在预留插筋上控制钢筋某一个面的位置，对预留连接插筋没有做到立体定位（未控制连接插筋的垂直度），没有控制钢筋的垂直度，使预留插筋偏位，较难进入连接的灌浆套筒内，影响安装质量。（2）剪力墙安装插筋对位方法简单粗笨。常规做法对预留插筋未做立体定位（既控制面上的位置又控制预留插筋的垂直度），预留插筋中心线位置偏差超过标准 3mm 的要求。在剪力墙安装时，因剪力墙底接缝厚度仅为 20mm 可视角度差，对位时可用镜子反光对位灌浆套筒灌浆端。有时还需逐根对位，个别的还要用撬杠撬入套筒灌浆端。（3）部分预留锚筋长度不足，不符合规范要求。

2018 年有关专家和某地建筑工程质量监督站相关人员对部分工程实体进行了一定量的破损检测，取得了强有力的证据。东南大学土木工程学院郭正兴教授以“装配式混凝土建筑现场连接质量控制技术研究”[1]为课题进行了深层次的研究分析。

预制墙板安装灌浆套筒竖向钢筋对位不准、尺寸不足如图 4-3 所示。图 4-4 为预制墙体连接现场剖开检查情况，预制墙板内分布钢筋直径 14mm，按规定锚入套筒最小（未考虑调整长度 20mm）应为 $8d$，即必须满足长度为 112mm，但实际长度为 90mm。

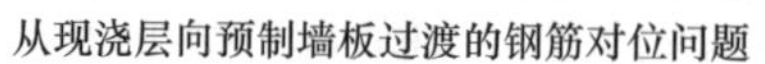

从现浇层向预制墙板过渡的钢筋对位问题

灌浆套筒连接钢筋露出楼面长度不满足8*d*要求

图 4-3　预制墙板安装下部连接钢筋位置不准、尺寸不足

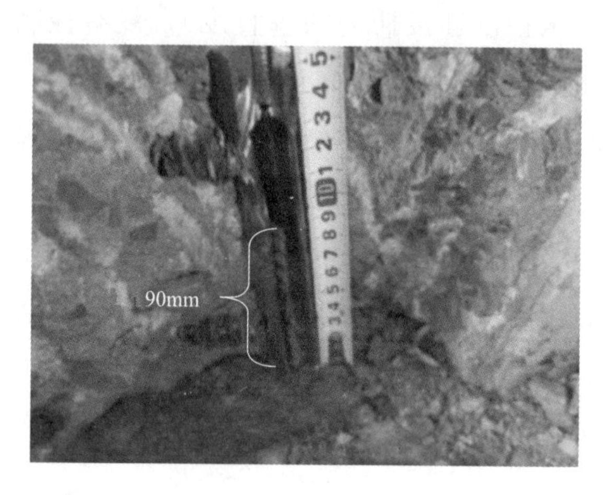

图 4-4　预制墙体连接剖开检查情况

研究认为装配式混凝土结构施工当前存在的问题是预制柱和预制墙板竖向结构钢筋连接套筒灌浆的质量问题[1]。

当前装配式混凝土结构应用代表性质量问题[1]如下：

（1）施工现场装配式混凝土剪力墙结构的质量问题多于装配式框架结构；

（2）装配式混凝土剪力墙住宅底部加强部位向上部预制墙板层过渡时，存在灌浆套筒的竖向钢筋定位不准和预留长度不足；

（3）预制墙板安装时分仓、塞缝或坐浆要求不明，施工差异大；

（4）直径 14mm 和 16mm 小规格钢筋的半灌浆套筒直螺纹连接部位拉拔试验达不到应用技术规程要求连接质量，有一定的普遍性；

（5）套筒灌浆作业流程和具体作业要求不明确，出现灌浆不饱满现象；

（6）灌浆料试块强度送检或离差大判为“无效”或不满足 85MPa。

目前剪力墙设计一般采用双层钢筋网片逐根或间隔连接，竖向分布钢筋采用单排连接的较少。剪力墙钢筋数量较多、位移较难控制，尤其是下部现浇层向装配层过渡的墙顶插筋偏差大，套筒灌浆内钢筋基本锚固长度 $8d$ 较难保证，留缝高度 20mm、调整长度 20mm 无法满足。图 4-4 预留插筋长度 90mm 减去留缝 20mm，实际进入套筒内仅 70mm，占基本锚固长度 112mm 的 62.5%。图 4-3 插筋是扳弯的，锚入套筒也是很难的。

2018 年某地对装配式混凝土结构连接破损检测的质量引起业内相关人士的关注，实际上某地对装配式混凝土结构连接破损检测事件代表了当时装配式混凝土结构部分现状。由图 4-4 预制墙体连接剖开检查来看，套筒内灌浆料浆体不饱满、不密实，对装配式混凝土灌浆套筒连接质量影响较大，握裹力可能降低较大。对中单向拉伸、偏中单向拉伸较难达到标准。

装配式混凝土结构剪力墙竖向分布钢筋采用“梅花形”部分连接，笔者对其接触较少，相关报道也少，可能也和图 4-1 中直径 14mm 钢筋结果一样。造成预制剪力墙安装的质量隐患根源主要是：施工人员做现浇混凝土结构时间长，形成了粗放型管理，对各分项分部、检验批的允许偏差控制不严，现浇结构钢筋间距允许偏差 10mm。施工人员对装配式混凝土结构预留插筋中心线位置允许偏差 3mm，装配式混凝土结构的各部位尺寸及各项允许偏差要求不熟悉或放松了管理所致。

4.1.3 承重剪力墙安装改进

要改变这一现状要从构件预制和安装两个方面抓起，加强管理和操作两方面入手，预制和安装两个单位应加强沟通，保证施工方案的落实。一般的构件预制是用定型钢模板成型的，误差不会超过规范，能严格控制构件预留插筋的长度和准确位置。构件起吊和运输过程中要严防预留插筋被碰撞倾斜或弯曲，要有预防插筋被碰撞的措施。构件进入施工现场完成安装后施工梁板后浇结构时要调整好构件预留插筋的位置并采用图 1-2 精确控制插筋的位置，插筋中心线偏差控制在 3mm。构件预留插筋的长度应符合总包单位的施工方案，要综合考虑插筋的基本锚固长度 $8d$＋锚固调整值 20mm＋构件根部坐浆 20mm。笔者认为，现在主要问题是要禁止安装单位施工人员的麻痹行为，装配式混凝土结构施工是精细化施工，现浇结构的粗放型施工不适应装配式混凝土结构的施工。装配式混凝土结构施工人员应尽快熟悉和掌握相关规范、规程，要能熟悉和掌握施工方案，转变管理方式，做好精细化管理，严格控制检验批、分项分部工程质量。特别要加强工程结构底部向装配式结构转换的标高、结构尺寸、预留插筋位置及长度的控制。工程结构底部墙顶的钢筋定位要设置竖向插筋定位控制钢套板（图 1-2），精准控制插筋的位置。要做好工程结构底部钢筋的精准定位，施工人员要加强管理、加强对工人的指导和检查。

预制剪力墙在有后浇混凝土侧应设键槽并逐步完善预留抗剪钢筋，以提高结构整体抗震性能。

4.2 装配式混凝土竖向构件安装注浆分仓方法

4.2.1 注浆分仓方法操作现状

目前常规做法是构件先就位，构件底部只留 20mm 厚接缝灌浆层，再做分仓施工，操作空间小，可视性差。先做分仓再进行外周封堵围挡。分仓时采用分隔扁铁大概定位，顺着分隔扁铁用小扁铁喂料，靠感觉操作，没有直观检查，可能会存在一定问题，每一分仓内钢筋数量也难以控制，目前常规做法的质量无法直观检查，质量不易控制。灌浆操作如图 4-5～图 4-9 所示。

图 4-5 分仓塞缝

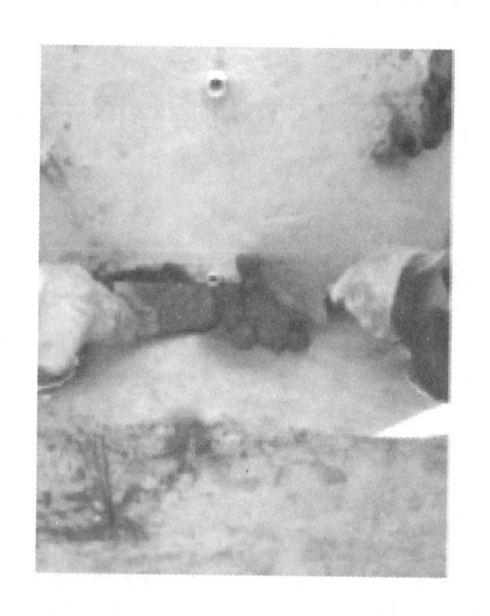

图 4-6 墙板底部塞封连通灌浆

图 4-7 墙板底部满铺坐浆、单个灌浆

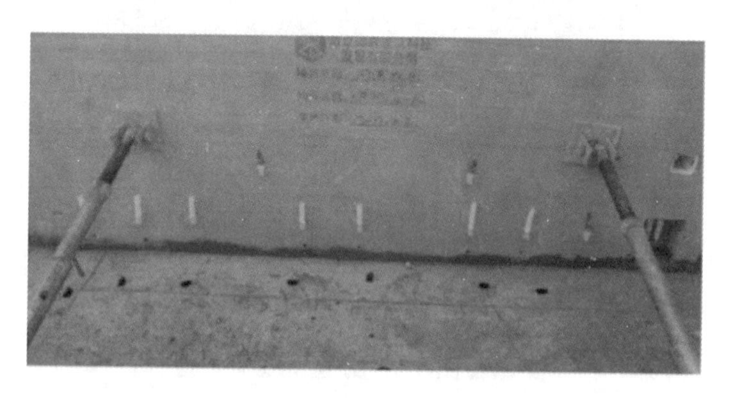

图 4-8 每一个灌浆套筒排浆口设一个连通弯管观察浆体

图 4-9 分仓灌浆、每仓设一个高位漏斗

目前现行竖向构件安装注浆分仓的做法可视性差，主要靠感觉操作，人为因素很大，分仓钢筋数量难以控制；分仓砂浆强度也没有技术规定，分仓肋的尺寸难以掌握，分仓肋引导灌浆体流向难以控制，总之现行分仓方法弊端较多，无明显优点。

4.2.2 注浆分仓方法操作改进

笔者认为，应在竖向构件安装就位前做好分仓，每一分仓内不要超过两个连接钢筋，以免连通造成灌浆体乱流，致使个别套筒灌浆不饱满；分仓砂浆强度应不小于构件混凝土强度，分仓肋宽度不大于 20mm，以免占据较大空间，在分仓肋中加直径 20mm 短钢筋以控制接缝厚度。这样操作可视性好，也便于检查。

墙板吊装前应将灌浆连接区域合理划分成若干个连通的灌浆仓位，单仓长度宜为 1.0m 且不应超过 1.5m，并符合《钢筋套筒灌浆连接应用技术规程》（JGJ 355—2015）[11] 的规定。钢筋垫块沿墙里外交错布置，垫块高度 20mm。图 4-10 分仓设置。

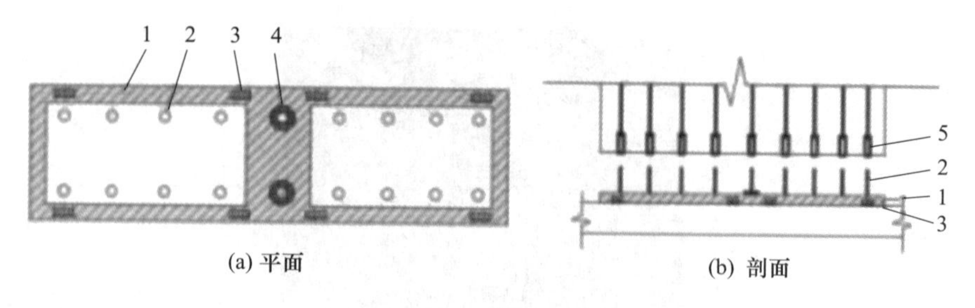

图 4-10　分仓设置

1—坐浆料；2—预留钢筋；3—垫片；4—垫圈；5—套筒

4.3　装配式混凝土剪力墙预制约束边缘构件安装

4.3.1　约束边缘构件施工现状

目前在竖向构件钢筋连接半灌浆套筒灌浆质量检测和质量保证手段不完备的情况下，约束边缘构件一般用后浇方法解决。随着构件钢筋连接的半灌浆套筒灌浆保证质量的技术措施的研发和改进，在保证质量和绿色环保、碳达峰碳中和的前提下约束边缘构件也要走上预制的道路。

约束边缘构件预制安装钢筋连接最可靠的方法还是半灌浆套筒连接方法。因焊接连接方法虽然操作方法简单、连接质量可靠，但是焊接属热熔连接，焊接部位和热影响区钢筋塑性变差、脆性增强，不利于抗震，在地震等外力作用下焊接部位和热影响区钢筋容易发生脆断，建筑工程关键部位不宜采用焊接方法进行连接。

现行约束边缘构件多采用后浇施工方法。这种施工方法降低了装配率，现场增加了后浇混凝土量，不利于加快施工进度，也不利于环保和绿色施工、同时不利于建筑业转型升级和高质量发展。随着装配式混凝土竖向构件钢筋半灌浆套筒连接灌浆饱满度、密实度的控制技术的逐步改进和推广，竖向构件预制率会提高，约束边缘构件预制安装的质量、结构安全也会得到提高。

4.3.2　约束边缘构件施工方法改进

约束边缘构件矩形柱、异型柱的安装均可采用半灌浆套筒连接做法和框架柱安装方法一致。采用受力主筋逐根连接，采用笔者研发的新型半灌浆套筒“装配式混凝土可控饱满度、密实度的半灌浆套筒及施工方法”在灌浆过程中能直观地控制和鉴别灌浆饱满度、密实度。预制约束边缘构件与剪力墙侧边后浇混凝土处应留键槽和抗震筋，以减少裂缝并提高整体结构性能。

4.4　装配式混凝土剪力墙竖向分布钢筋不连接的剪力墙安装

4.4.1　竖向分布钢筋不连接的装配式混凝土剪力墙的设计概念

竖向分布钢筋不连接装配整体式剪力墙结构是指竖向分布钢筋在楼层处断开的预制剪力墙墙板，通过与边缘构件浇筑为整体的剪力墙结构。竖向分布钢筋不连接的装配式混凝土剪力墙结构体系特点是中间预制墙体取消了竖向分布钢筋套筒、浆锚等灌浆连接方式，楼面处采用坐浆方式；现浇边缘构件通过正截面承载力等效原则加大竖向受力钢筋以保证剪力墙构件承载力不降低；对于剪跨比低且抗剪要求高的墙体，可增设斜向钢筋，提高墙体延性、抗剪和耗能能力，同时可根据截面受剪承载力等效原则，降低水平钢筋的配筋率。按《竖向分布钢筋不连接装配整体式混凝土剪力墙结构技术规程》（T/CECS 795—2021）[15]进行设计和施工。

下列情况不宜采用竖向分布钢筋不连接的装配式混凝土剪力墙：

（1）抗震等级为一级的剪力墙；

（2）轴压比大于0.5的抗震等级为二、三、四级的剪力墙；

（3）一字形剪力墙、一端有翼墙连接但剪力墙非边缘构件区长度大于3m的剪力墙以及两端有翼墙连接但剪力墙非边缘构件区长度大于6m的剪力墙。

竖向分布筋不连接的装配式混凝土剪力墙配筋示意如图4-11、图4-12所示。

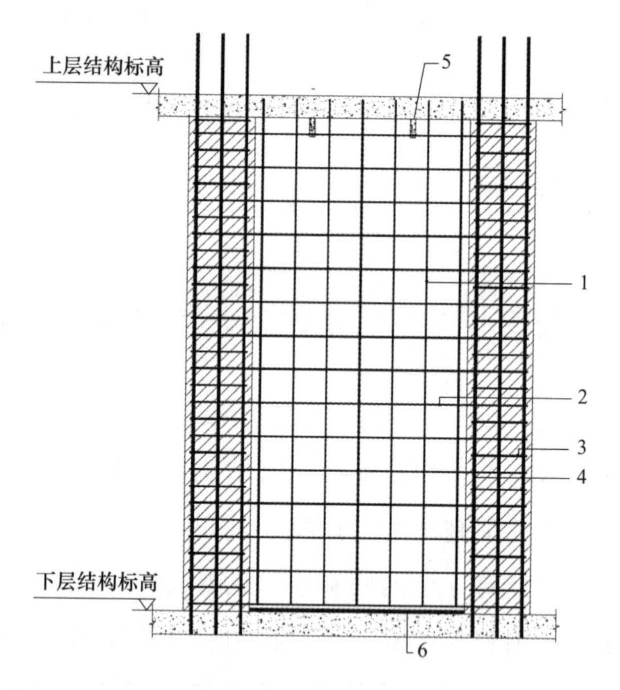

图4-11　不带斜向加强筋预制剪力墙

1—墙体竖向分布钢筋；2—墙体水平分布钢筋；3—边缘构件箍筋；4—边缘构件纵筋；5—预埋螺母吊件；6—坐浆

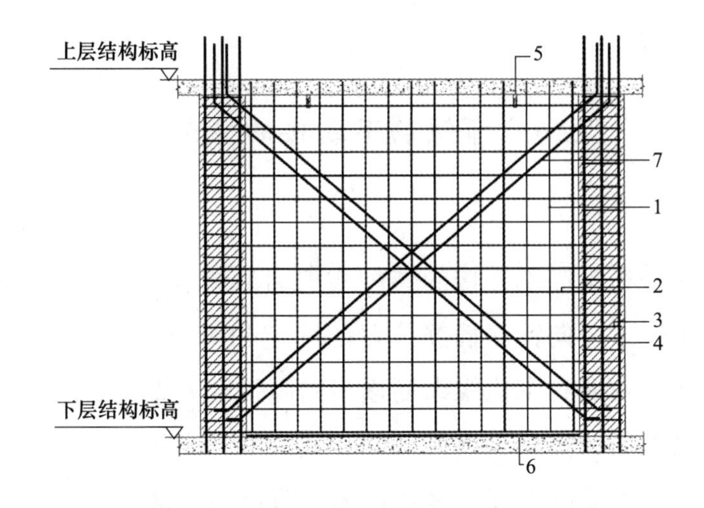

图 4-12 带斜向加强筋预制剪力墙

1—墙体竖向分布钢筋；2—墙体水平分布钢筋；3—边缘构件箍筋；4—边缘构件纵筋；5—预埋螺母吊件；6—坐浆；7—墙体斜向加强筋

4.4.2 竖向分布钢筋不连接的装配式混凝土剪力墙现状

《竖向分布钢筋不连接装配整体式混凝土剪力墙结构技术规程》（T/CECS 795—2021）[15]的实施业内专家给予了很高的评价，这种做法预制剪力墙竖向分布钢筋不需要连接，仅连接边缘构件纵筋即可。

笔者认为，竖向分布钢筋不连接的装配式混凝土剪力墙不带斜向加强筋的预制剪力墙推广前景很大，竖向边缘构件纵筋套筒灌浆连接较有加强斜撑的方便操作。国家在装配式混凝土结构中推广高强度大直径钢筋，在竖向分布钢筋不连接的剪力墙边缘构件中配置高强度大直径钢筋可以减少配筋数量，以减少竖向钢筋连接数量。这项技术还需业内设计、预制加工、现场施工等各方共同努力推广。

4.4.3 竖向分布钢筋不连接的装配式混凝土剪力墙改进

竖向分布钢筋不连接的装配式剪力墙减少了竖向钢筋连接的数量，缓解了竖向钢筋插筋位置的固定和对位的施工难题，随着建筑科技的发展约束边缘纵筋逐步向高强度大直径钢筋方面发展，约束边缘纵筋的数量会有减无增，更有利于竖向分布钢筋不连接的装配式剪力墙的发展。笔者认为，应该大力推广此项技术。

4.5 装配式混凝土剪力墙安装补嵌部位后浇混凝土

4.5.1 剪力墙安装补嵌部位后浇混凝土设计

装配式混凝土剪力墙安装补嵌部位后浇混凝土设计应按《装配式混凝土结构连接节点构造（剪力墙）》（15G310-2）[16]的相关节点结合工程所在地的抗震要求进行设计。该图集对“—”“L”“T”“＋”预制墙间各种竖向连接构造有、无附加连接钢筋都有很详细的节点详图，设计时可选择。

《装配式混凝土结构连接节点构造（剪力墙）》（15G310－2）[16]按安装补嵌尺寸、配筋形式等不同分类：“—”可供选择的节点有22个；“L”可供选择的节点有13个；“T”可供选择的节点有21个；“＋”可供选择的节点有4个。施工必须按设计选用节点组织施工。

4.5.2 剪力墙安装补嵌部位后浇混凝土施工现状

剪力墙安装补嵌部位后浇混凝土容易产生多种质量缺陷，特别是小截面部分，混凝土振捣不易控制，容易发生孔洞、麻面、露筋、胀模等质量缺陷。

4.5.3 剪力墙安装补嵌部位后浇混凝土施工改进

剪力墙安装补嵌部位后浇混凝土施工，首先要按设计图纸要求放线，放好模板安装线和钢筋安装位置线。这部分是先钢筋安装再浇筑混凝土，钢筋连接可选用现在技术成熟的直螺纹连接技术，做好连接部位的钢筋安装和连接，竖向钢筋连接接头位置可选用 15G310-2[16]中的做法（图 4-13）。其他钢筋安装按设计选用的 15G310-2[16]的相关做法。

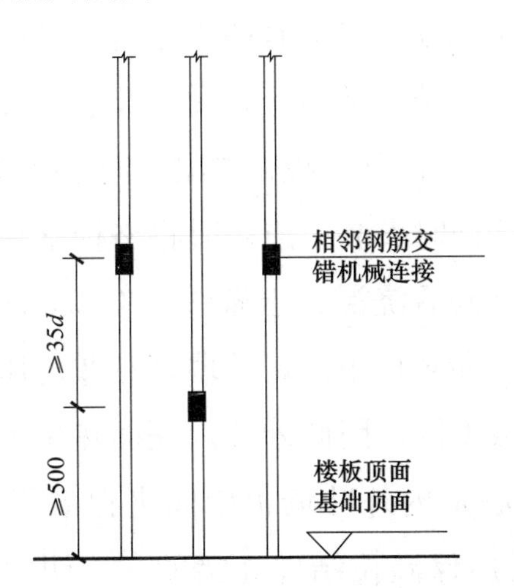

图 4-13 剪力墙安装补嵌部位竖向钢筋连接做法（机械连接）

模板采用铝合金模板或定型钢模板。后浇结构混凝土为防止胀模等质量缺陷发生，模板安装时截面偏差控制在－4～0mm，以防胀模或其他质量缺陷发生，脱模后用粉刷石膏修批平整。

后浇混凝土强度按具体工程设计执行。振捣方式由补嵌混凝土墙厚决定，对于墙厚300mm以内截面较小的，可采用铝模板或钢模板外挂附着式振动器进行振动，也可使用小功率振动棒振捣；对于墙厚300mm以上截面较大的，可采用插入式振动棒进行振动。

4.6 预制承重保温外墙板安装

承重外墙保温结构板包括预制承重保温外墙板、现浇结构保温一体板两种。本节主要介绍前者。

4.6.1 预制承重保温外墙板现状

现行预制承重保温外墙板有两种做法：第一种做法是墙板的内叶和外叶是混凝土结构承重板，内外叶板通过钢筋混凝土格构梁柱连接（图4-14），内外叶板格构梁柱间设夹芯保温层，和同层的其他墙板、柱等同时安装，连接时将格构梁柱内主筋采用灌浆套筒方式连接，补嵌后浇混凝土做法按4.5.3的要求。由于这种墙板由格构梁柱和夹芯板组成，外墙具有非均质性，由于混凝土和夹芯的导热系数不同，因此外墙内表面热量不均匀，影响使用功能。第二种做法是内外叶墙板中间夹保温层（保温层是整块的），内外叶墙板用保温拉结件连接的“三明治”墙板，图4-15为先做好外叶墙钢筋安装并浇筑混凝土，混凝土振捣好随即按设计要求固定好保温拉结件，安装好保温层后安装上层内叶墙板钢筋，浇筑内叶墙板混凝土，使保温拉结件的另一端固定于内叶墙板混凝土内拉结内外叶墙板。这种墙板保温层均匀，在两层墙板混凝土中间保温性能好，也不会脱落。

图 4-14　钢筋混凝土格构梁柱连接

图 4-15　保温拉结件连接

4.6.2 预制承重保温外墙板改进

预制保温承重结构墙板采用内外叶墙中间夹保温层结构“三明治”板，内外叶墙板的保温拉结件是内外叶混凝土墙板结构共同作用的重要纽带。深圳现代营造科技公司已研制出高强度等级的玻纤态保温拉结件，市场上也出现了低强度的塑料拉结件，构件预制单位要甄别选用玻纤态保温拉结件是关键，因为“三明治”墙板中间没有格构柱梁骨架，拉结件的数量要严格按设计数量要求施工，否则“三明治”墙板容易脱层开裂，影响使用。内外叶墙板混凝土结构竖向分布钢筋采用“梅花式”灌浆套筒连接方式；内外叶墙板不连接的分布钢筋按设计要求直接锚固在剪力墙内或留出锚固于后浇混凝土中。

4.7 装配式混凝土构件安装带缝作业、内力传递

4.7.1 构件安装带缝作业、内力传递现状

预制构件安装过程梁、柱接头处后浇混凝土，在结合面出现混凝土收缩施工缝（有肉眼可见缝和肉眼不可见缝）。现行的结合面处理做法有：一是构件预制时用花纹钢板做封头模具，构件安装结合面处混凝土表面有花纹，以便增加现浇结合面处的剪切摩擦力；二是在预制混凝土构件混凝土初凝后脱模，用特殊药品洗成露石面，增加结合面的剪切摩擦力；三是将构件的封头模具做成凸凹键槽，增加结合面处摩擦力；四是泡泡膜毛面法。现在一般采用的四种结合面处理方式，如图 4-16、图 4-17[17]所示。

(a) 花纹钢板毛面

(b) 水洗露骨料

(c) 凹凸键槽

(d) 泡泡膜毛面

图 4-16 四种结合面处理方式

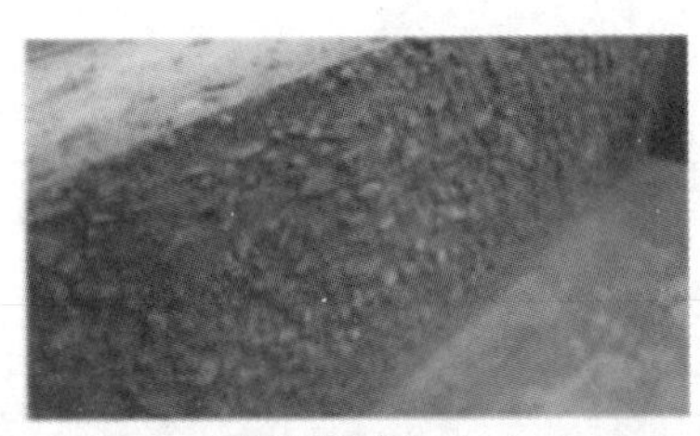

露骨料结合面

花纹钢板结合面

泡泡膜结合面

凹槽与凹坑结合面

图 4-17 竖向结合面抗剪性能试验的试件制作

现行任何做法都避免不了后浇混凝土的收缩变形，即使后浇面处用微膨胀混凝土也不例外，同样会产生收缩裂缝。有些收缩裂缝是肉眼不可见的，但随着时间的推移或地震灾害等，可变为较大的裂缝。我国国家标准《混凝土结构设计规范》(GB 50010—2010)[18]中规定：对于一类环境下钢筋混凝土裂缝宽度可以为 0.3mm（一类环境下混凝土结构允许带 0.3mm 裂缝工作）对受力影响可不计。但是裂缝的存在容易使雨水等液体渗入裂缝，进而引起钢筋锈蚀，影响结构安全。

结构施工中形成的施工缝（包括装配式混凝土后浇面处收缩缝）对结构受力影响较大，如施工缝处不能可靠传递混凝土的结构受力，将大大影响结构安全性。因此应采取可靠措施，降低施工缝影响，确保施工缝处可靠传力。

在框架结构中，带接缝面由于弯矩的存在，增加了混凝土的压应力，提高了摩擦抗剪作用，直剪破坏不易发生，只有小量的斜剪破坏。

接缝面将改变梁剪力传递途径，使梁产生不同于现浇梁的破坏形式，导致抗剪强度下降，延性降低。不同竖向结合面试验破坏情况如图 4-18[17]所示。

图 4-18　不同竖向结合面的抗剪承载力试验试块破坏情况

在相同混凝土强度等级、相同结合面配筋的情况下，不同结合面处理方法的抗剪承载力由大到小排序依次为整体现浇、露骨料、泡泡膜成型、凹槽与凹坑、花纹钢板成型，该次序即试件结合面粘结整体效果优劣的次序[17]。

露骨料结合面试件的荷载为整体现浇试件的95%～100%，泡泡膜成型结合面试件的荷载为整体现浇试件的73%～85%，凹槽与凹坑结合面试件的荷载为整体现浇试件的58%～76%，花纹钢板成型结合面试件的荷载为整体现浇试件的39%～44%[17]。

综合各组试件，露骨料和泡泡膜成型结合面的抗剪能力较好，与整体现浇试件破坏过程最为相似，其均匀的骨料分布和粗糙深度能够保证足够的混凝土抗剪摩擦力使试件开裂后仍有较长的塑性变形阶段[17]。

4.7.2 构件安装带缝作业、内力传递改进

笔者曾提出在施工缝处增加抗剪钢筋，增加抗剪钢筋替代截面混凝土的剪力，抗剪钢筋的数量经过计算确定，抗剪钢筋伸入结合面两侧各一个锚固长度，以传递混凝土面承受的剪力，可是后浇混凝土结合面处收缩裂缝仍不可避免。鉴于此，我们可以在装修前用抗裂砂浆进行修复，并且每隔一定时间后进行检查和维修，特别在当地地震后应及时检查维修外墙后浇面处裂缝，防止结构内钢筋被锈蚀。

5　装配式混凝土叠合梁安装

5.1　预制叠合梁安装现状

预制叠合梁安装的四种形式有润泰连接、国际连接、世构连接、牛担板连接（详见 2017 年 2 月中国建筑工业出版社出版的《装配式混凝土建筑技术》）。最常见的连接形式润泰连接（图 5-1）。

图 5-1　润泰连接方式

装配式混凝土结构安装完成竖向构件后安装水平构件，先安装叠合梁再安装叠合板。叠合梁先支好梁支撑，对好梁接合部位，梁底钢筋按设计要求组织施工，空间足时直锚，空间不足时可用带弯钩的弯锚、帮条焊，以及钢锚固板穿孔塞焊锚固或球墨铸铁锚固板、锻钢锚固板、铸钢锚固板可采用直螺纹连接方式，锚固板的螺纹或规格、完整螺纹扣数等可参照直螺纹套筒一端螺纹的规格和扣数、锚固钢筋端直螺纹丝头也参照直螺纹丝头加工要求。锚固板与锚固筋的直螺纹拧紧力矩可参照直螺纹钢筋连接的同规格直螺纹的拧紧力矩。锚固板的规格执行《钢筋锚固板应用技术规程》(JGJ 256—2011)[6]。梁混凝土内伸出的钢筋连接用全灌浆套筒连接。梁上部后浇混凝土内钢筋可以先进行接长连接、直螺纹连接或全灌浆套筒连接，上部受力钢筋连接接长符合设计要求后绑扎上部箍筋封闭肢（两端带弯钩的单肢箍）。梁安装及钢筋连接支架如图 5-2 所示。

图 5-2　梁安装及钢筋连接支架

图 5-3 为梁安装及钢筋连接支架，这种架体支撑稳定性较差，且所用设备较多，操作安全性较差。

图 5-3　梁安装及钢筋连接支架

5.2 预制叠合梁安装改进

叠合梁核心区安装及钢筋连接接长等安装采用钢牛腿支撑方法，该方法简单方便、易于调整标高等。操作架可采用可移动的门形架或其他工具式脚手架。笔者认为，装配式混凝土梁上部受力钢筋连接可采用技术成熟的剥肋滚轧标准型或正反丝直螺纹连接后安装箍筋上口的封闭件。图 5-4 为叠合梁安装及钢筋连接等钢牛腿支撑[19]。

图 5-4 叠合梁安装及钢筋连接等钢牛腿支撑

6 装配式混凝土预制叠合楼板安装

6.1 预制叠合楼板生产标准选用

预制叠合楼板生产选用图集有《预制带肋底板混凝土叠合楼板》（DBJT25-125-2011）[20]、《预制带肋底板混凝土叠合楼板》（14G443）[21]等。甘肃省工程建设标准设计图集《预制带肋底板混凝土叠合楼板》（DBJT25-125-2011）[20]是兰州大学校长工程院院士周绪红主持编制的。预制带肋底板混凝土叠合楼板是采用预制预应力混凝土带肋底板并在板肋预留孔中布置横向穿板上部受力钢筋，再浇筑混凝土叠合层形成的装配整体式楼板、屋面板。该叠合板适用于非抗震设防区和抗震设防烈度为6～9度的地区一类环境的楼板和屋面板。板宽度有400mm、500mm、1000mm三种规格，板长度为2100～6600mm，长度以300mm为模数，计16种长度规格，荷载包括预制带肋底板自重和叠合层自重，为3～8kN/m^2、10kN/m^2，可满足各种开间和荷载的设计需要。国家建筑标准设计图集《预制带肋底板混凝土叠合楼板》（14G443）[21]也是预制预应力混凝土带肋底板。单肋板宽为500mm、600mm，还有由若干单肋板组合的多肋板。板长3000～9000mm以300mm为模数，共21种长度规格可供设计选择。

图集《预制带肋底板混凝土叠合楼板》(DBJT25-125-2011)[20]和《预制带肋底板混凝土叠合楼板》(14G443)[21]都是带混凝土肋的预应力叠合板。

6.2 预制叠合楼板安装现状

据笔者调研，先张法预应力筋张拉完毕后在浇筑混凝土时部分生产单位没有对预应力损失进行测定，未补张拉。脱模后堆放不规范，没有分规格型号按标准图要求堆放，不按规定堆放的板有些已造成裂纹或损伤（图 6-1），有些单位预制叠合楼板安装支撑较乱（图 6-2），影响文明施工和楼层通行清理等，现浇板带处理也不符合标准的规定。

图 6-1　预制预应力叠合楼板堆放不规范

图 6-2　预制叠合楼板安装支撑较乱

6.3　预制叠合楼板安装改进

笔者认为，预制叠合楼板应该选用混凝土肋，因预应力板较薄，在吊装和现浇层施工过程中平面外刚度较差，在起吊和现浇层施工过程中混凝土肋内配有钢筋，受弯承压较好地发挥混凝土的基本性能；混凝土肋能更好地和现浇层紧密结合，预制叠合楼板肋和现浇混凝土接触面较大，是钢筋桁架和钢管桁架无法相比的，不易产生收缩起层。现浇叠合层混凝土坍落度不宜过大，否则在混凝土硬化脱水过程中容易产生收缩裂缝，使叠合楼板和现浇层不能同时工作。

预应力叠合楼板在运输和堆放时应按标准图集《预制带肋底板混凝土叠合楼板》（DBJT25-125-2011）[20]进行，按规格和型号分别堆放，板肋向上平放，垫木应上下对齐，距板端 300mm 处，任何一角不得脱空，堆放场地应平整，每垛堆放不得超过 7 层。预制预应力叠合楼板后浇板带应按标准图进行施工，具体做法按图 6-3 现浇带配筋示意图[20]组织施工，叠合板端（侧）处理见图 6-4～图 6-6[20]。

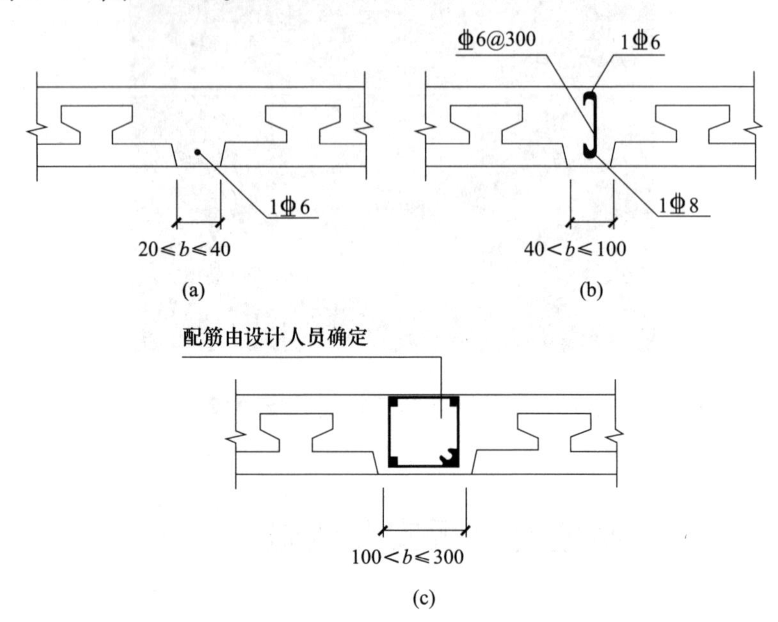

图 6-3　现浇带配筋示意图

注：应尽量调整底板宽度，避免设置现浇带，如需设置现浇带，其做法为宽度＜200mm 时采用吊模现浇，宽度≥200mm 时采用下部支模现浇。

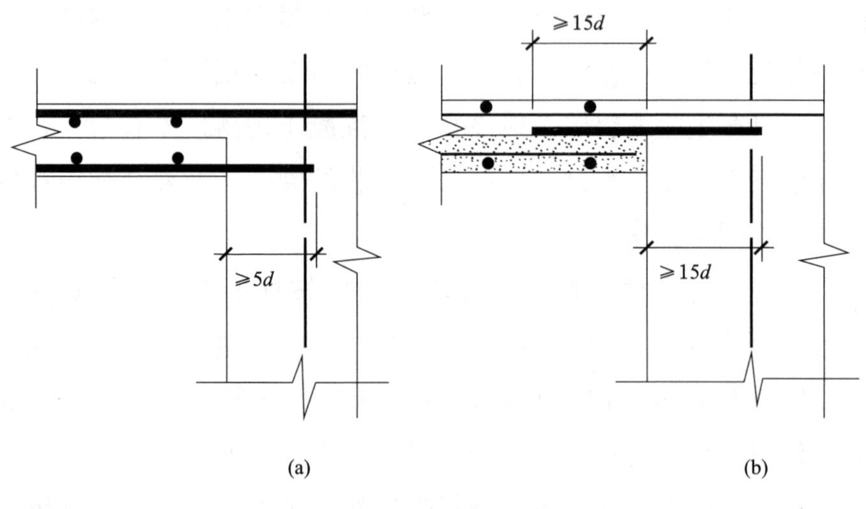

图 6-4　叠合楼板端处理

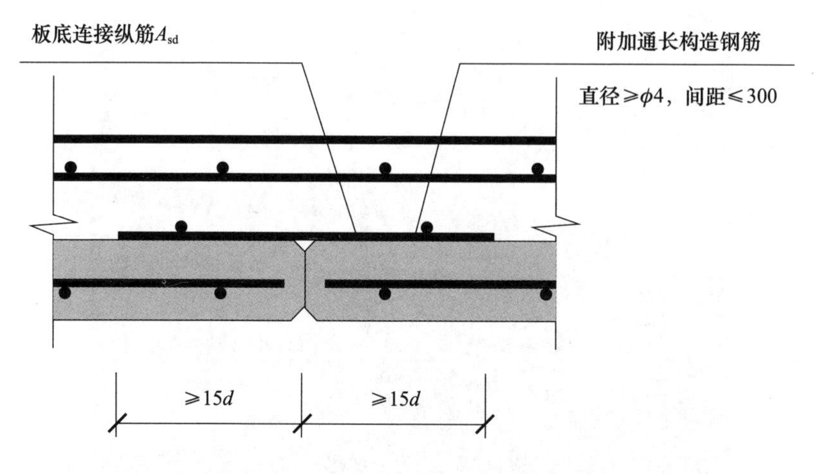

图 6-5　叠合楼板侧密缝拼接处理

A_{sd}—叠合楼板（梁）连接节点内的板（梁）底连接纵筋

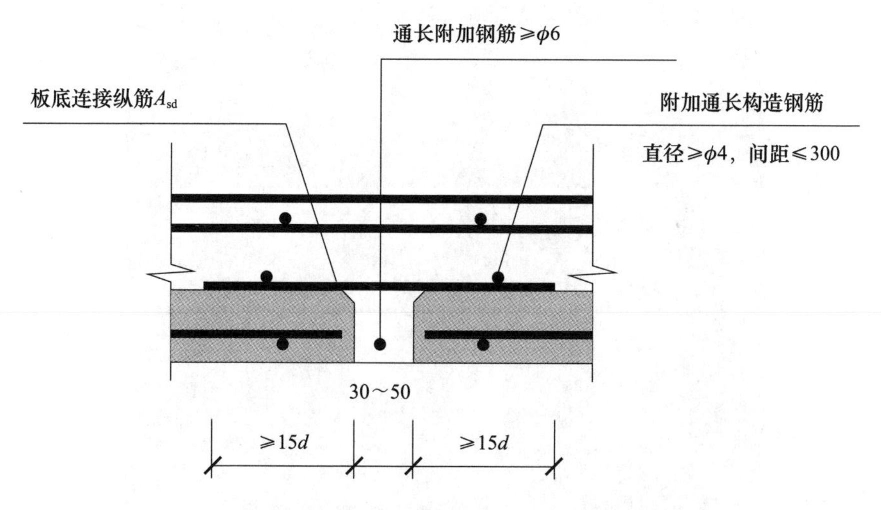

图 6-6　叠合楼板侧后浇小拼缝处理

A_{sd}—叠合楼板（梁）连接节点内的板（梁）底连接纵筋

预制带肋混凝土叠合楼板安装情况见图 6-7～图 6-9 所示。

图 6-7　预制带肋混凝土叠合楼板安装支撑架

图 6-8　预制带肋混凝土叠合楼板安装

图 6-9　预制带肋混凝土叠合楼板隐蔽验收

7 装配式混凝土预制楼梯安装

7.1 预制楼梯安装现状

预制楼梯未分抗震裂度等级，楼梯高低端预留孔洞均用两根钢筋灌浆锚固的简支方式连接。专家在编制国家建筑标准设计图集时已经考虑到这一抗震不利因素，现行国家建筑标准设计图集有高低端固定支座楼梯和高端固定低端滑动楼梯。现浇结构中楼梯板两层斜向钢筋均锚入梯梁或平台板中，锚固钢筋截面总面积较大，预制简支方式连接的楼梯上下共 4 根钢筋，且是抗剪钢筋，两层斜向钢筋锚固属于受拉构件，两种做法力学性能差距较大，不利于抗震。装配式混凝土楼梯两层斜钢筋不锚入梯梁中对结构受力是有影响的，特别是高烈度抗震地区影响较大，笔者不赞同这种做法。在低抗震设防区震后建筑物不存在任何破损或裂缝等病害问题时，可使用楼梯两端简支固定，但在 8 度及以上设防区笔者认为不可。现行国家建筑设计标准图集《预制钢筋混凝土板式楼梯》(15G367-1)[22]高低端简支楼梯安装示意图如图 7-1、图 7-2 所示。

现在常规做法在 8 度及以上抗震设防地区房屋选用楼梯按《预制钢筋混凝土板式楼梯》(15G367-1)[22]图集高低端均为滑动支座，标准图荷载试验为高端铰支座，低端滑动支座。施工做法：楼梯上下端各预留两个孔，安装时先行找平上下楼梯安装水平面，下端在找平层上加油毡层，安装后插入钢筋再做灌浆处理。楼梯上下两端预留孔较大，设计者认为梯段在受外力作用（包括地震）时可做少量活动，推迟地震破坏瞬间。楼梯作为主要的疏散通道，其安全性和通畅性往往受到人们关注，若地震时楼梯先破坏人员不能及时疏散，会导致人员伤亡。

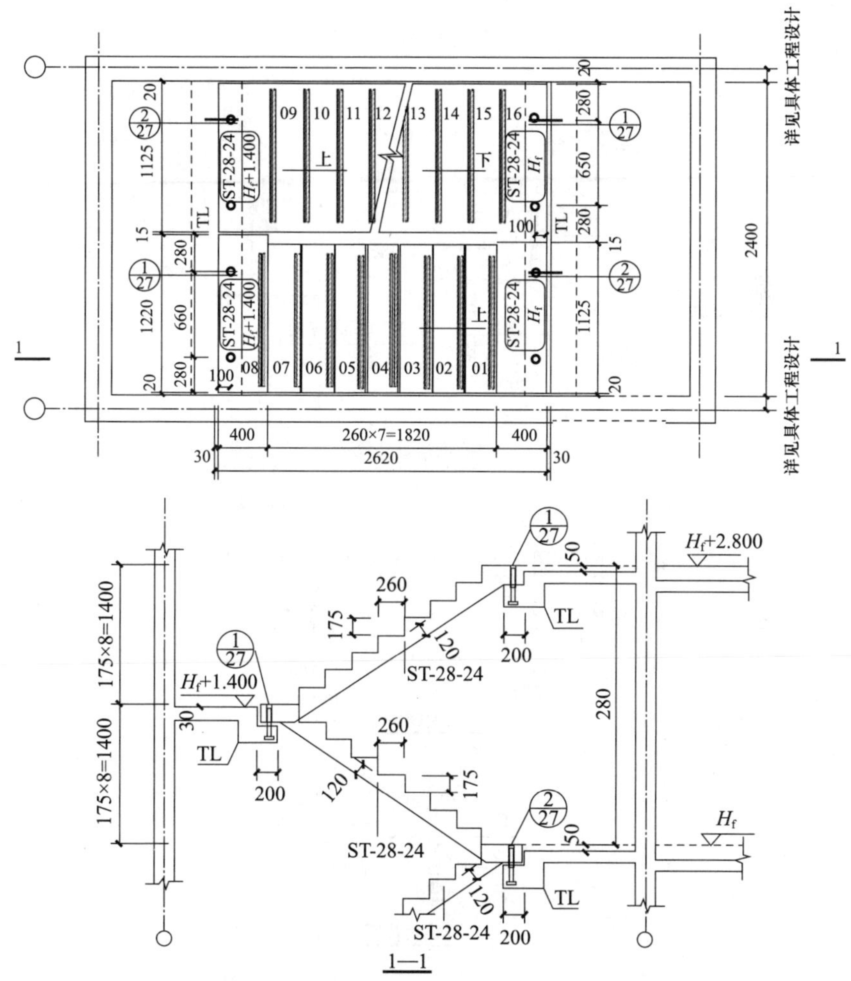

注：1.梯梁截面高度应满足建筑梯段的净高要求（避免碰头）。
2.本图仅适用于标准层。
3.H_f表示楼层标高；TL详具体工程设计。

图 7-1　高低端简支楼梯安装示意图

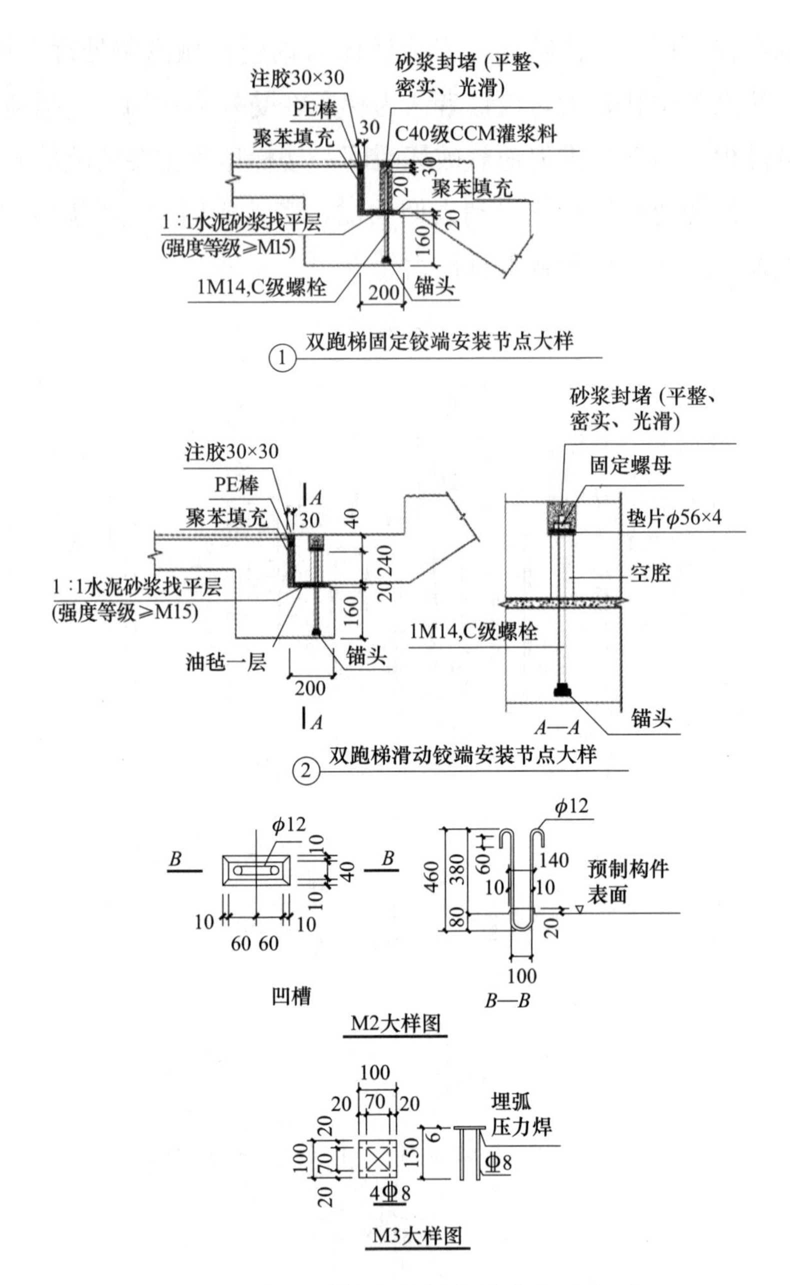

图 7-2　高低端简支楼梯安装节点示意图

注：梯梁及挑耳的截面与配筋需要设计人自行设计，挑耳高度同时应满足建筑要求。

7.2 预制楼梯安装的改进

国家建筑标准设计图集《装配式混凝土结构连接节点构造（楼盖结构和楼梯）》（15G310-1）[23]、《装配式混凝土结构连接节点构造（剪力墙）》（15G310-2）[16]中明确有楼梯高低端固定、高端固定低端滑动的两种不同连接方式的楼梯。高低端固定、高端固定低端滑动两种楼梯制作工序较多，国内也有多家装配式混凝土预制厂家生产。楼梯高低两端固定支座及高端固定低端滑动支座，具体如图 7-3、图 7-4 所示。

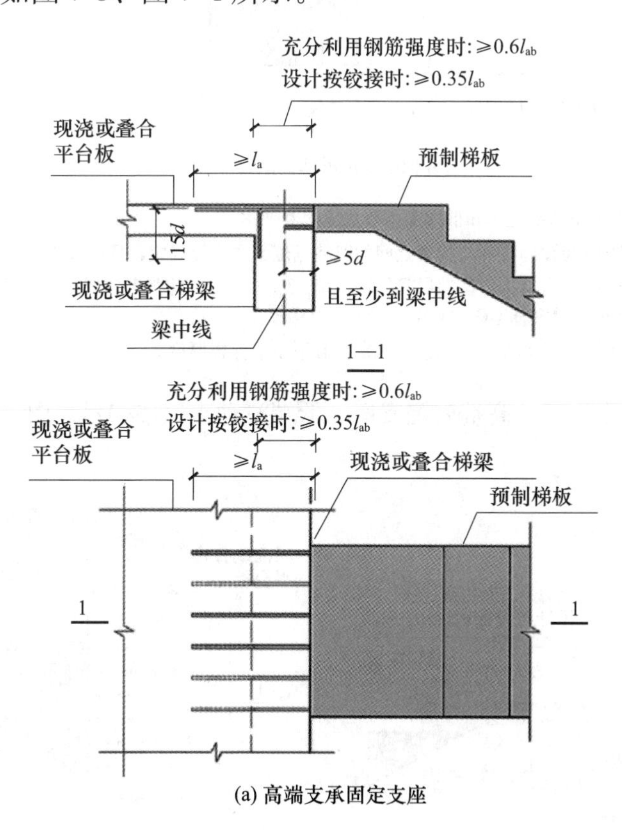

(a) 高端支承固定支座

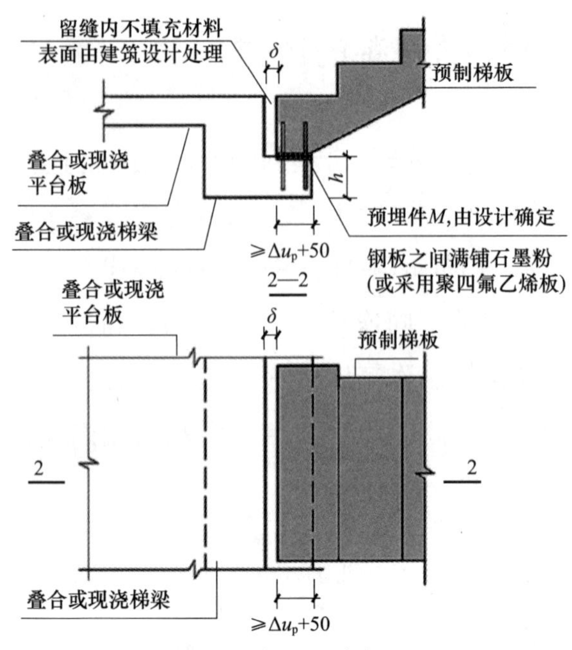

(b) 低端支承滑动支座

注：1.本图中高端支承和低端支承节点应配套使用。

2.图中δ为预制楼梯与梯梁之间的留缝宽度，由设计确定，且应大于Δu_p。

3.图中Δu_p为结构弹塑性层间位移，$\Delta u_p=\theta_p h_t$，θ_p为结构弹塑性层间位移角限值，按现行国家标准GB 50011确定；h_t为梯段高度。

4.图中h为挑耳厚度，由设计确定，且不小于梯板厚度。

图 7-3　高端固定支座、低端滑动支座楼梯示意图

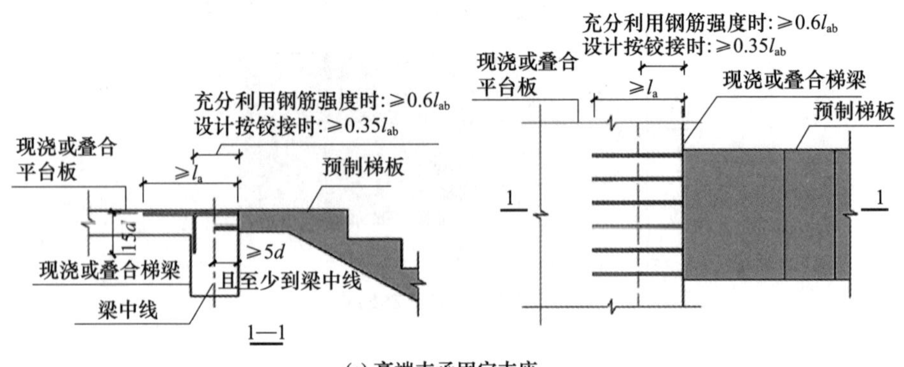

(a) 高端支承固定支座

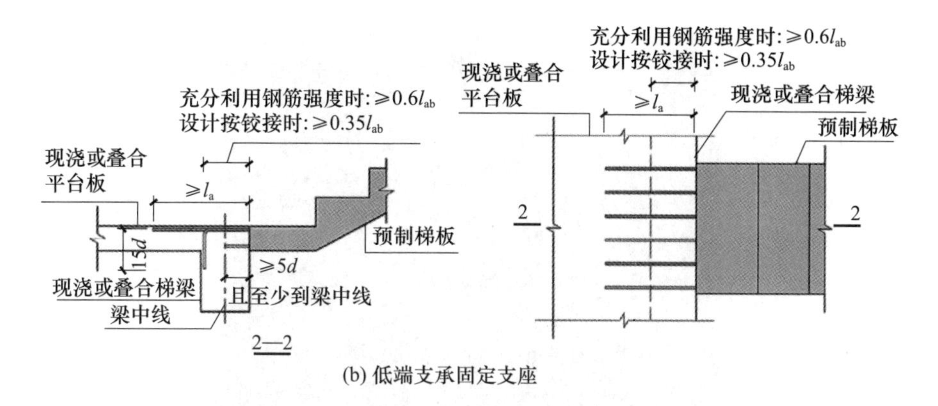

图 7-4　高端支座和低端支承均为固定支座

注：本图中高端支承和低端支承节点应配套使用。

现在有些装配式混凝土构件也在生产 G310-1、G310-2 的标准楼梯，因此笔者认为在 8 度及以上抗震设防区应采用 G310-1、G310-2 的标准楼梯，避免地震发生时人员的伤亡。图 7-5 为部分构件预制厂生产的成品。

图 7-5　部分构件预制厂生产的成品

8 装配式非承重墙体安装

8.1 装配式保温非承重结构挂板安装

8.1.1 装配式保温非承重结构挂板安装现状

装配式保温非承重结构挂板安装有先安装法和后安装法两种方法[24]。后安装法是待房屋的主体结构施工完成后，将预制好的PC（预制混凝土）非承重结构墙板安装在主体预制混凝土结构上。由于安装过程会产生误差积累，因此对主体建筑的施工精度和PC构件的制作精度要求都较高，构件之间多数采用螺栓、埋件等机械式连接，构件之间存在“缝隙”，必须进行填缝处理或打胶密封，否则容易影响防水、隔声等使用功能。图8-1为后安装保温非承重结构挂板。

8.1.2 装配式保温非承重结构挂板无缝安装

装配式保温非承重结构挂板先安装法是在进行装配式混凝土结构主体施工时，把PC墙板先安装就位，调整好位置和垂直度，再把挂板上连接用环箍筋与梁钢筋加横向纵筋绑扎后用后浇的混凝土将PC墙板连接为整体的结构。后浇混凝土脱模后将挂板上

图 8-1　后安装保温非承重结构挂板

下口六个带椭圆螺栓孔的可竖向和内外微调的螺栓连接点连接好（图 8-2），并完成保温非承重结构挂板安装工作。因先安装法连接用环箍筋处挂板混凝土有抗剪槽，后浇混凝土后不易出现裂缝，在装饰处理时刮一层防裂砂浆可消除裂缝等开裂情况。

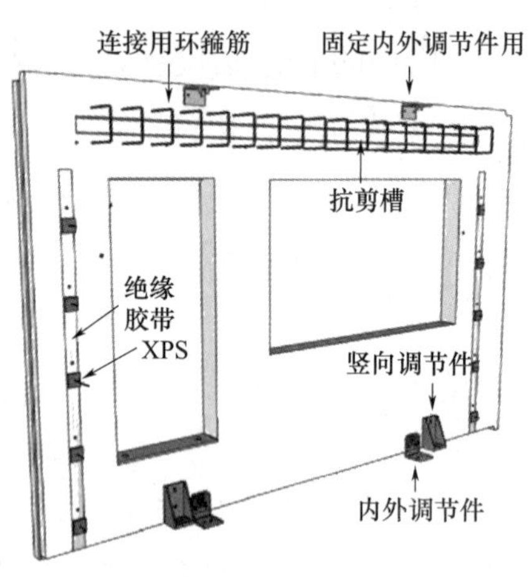

图 8-2　无缝安装保温非承重结构挂板

8.2 装配式非承重隔墙安装

8.2.1 装配式非承重隔墙安装现状

在装配式混凝土结构工程中推广的重点是“三板一点”（预制内外墙板、预制楼梯板、预制楼板和预制柱、墙、梁、板、楼梯的节点连接和处理），非承重隔墙是建筑工程按所需功能分隔的重要构件。

非承重隔墙种类繁多，有竖向条板墙、轻质砌块墙等，《装配式建筑评价标准》（GB/T 51129—2017）[25]推广非砌筑非承重隔墙。现在有些板条墙是单点悬挂吊重试验不合格；有些是安装时在板条墙板高度方向中间有接头；有些板两面有抗裂（防折断）钢丝网；有些板两面有玻璃纤维网，增加了板的抗裂（防折断）性能；有些条板为了减轻自重做成空心板。在板上下端用膨胀螺栓固定钢卡连接，没有进行可靠的连接。多半是因为抗震连接不符合抗震要求。笔者认为，板上下端用作固定的膨胀螺栓一般规格小，加之墙顶墙底梁钢筋较密，膨胀螺栓成孔较困难，膨胀螺栓孔深度不足，用螺栓固定不牢固，固定钢卡厚度小于3mm，只是卡住，未连接，对抗震不利，在抗震设防区较难推广。

8.2.2 装配式非承重隔墙安装改进

笔者对非承重隔墙建议：预制板条墙体时可在板条墙体中配置ϕ4mm的钢筋骨架，钢筋骨架纵筋两面@300mm，箍筋@300mm，板条墙为圆孔轻质空心板，利于减轻质量和隔音。在板条上下两端预埋∟30mm×3mm 的角钢，ϕ4mm 的钢筋骨架纵筋穿过角钢并与角钢焊接，生产时底模和外侧模是通长的长线，板条墙板用堵头模板分隔开，圆孔用充气袋成孔。在梁底预埋设带锚爪的 3mm 厚扁铁，间距与板宽模数相同，安装时将墙顶墙底角钢与梁顶端和上层梁底扁铁焊接连接即可。板条墙要按建筑模数和具体工程隔墙的宽度匹配，在预制加工前排好板条墙的块数，并在梁顶和梁底相应位置预埋扁铁锚固件，为了安装操作方便，板条墙上下各留 10～15mm 的安装缝，安装验收完成后用膨胀砂浆塞缝并抹平整。板条的拼缝处用砂浆灌满，两侧粘贴防裂网格布，外面用防裂砂浆抹平即可。图 8-3 为有可靠连接的隔墙板及安装示意图。

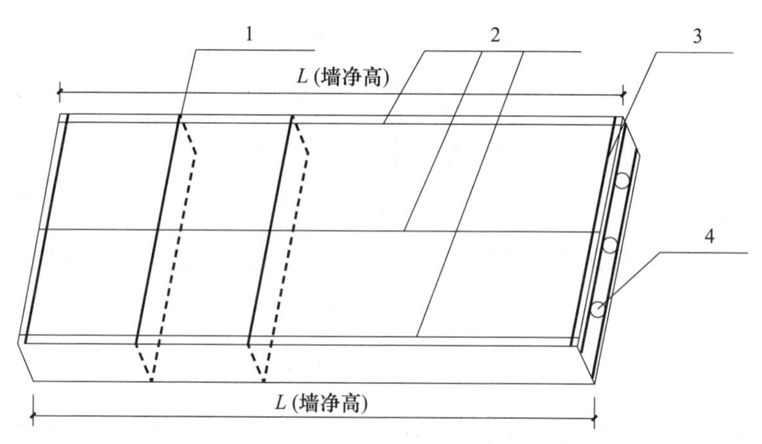

外承重轻质隔墙，墙厚100mm，墙宽600mm及嵌板、长度方向净高

图 8-3　有可靠连接的隔墙板及安装示意图

1—箍筋 ϕ4@300；2—板纵筋 ϕ4@300；

3—∟30×3 与纵筋穿孔焊接；4—空心圆孔 ϕ50

附　　录

附录 1　工法

1. 大跨度预应力梁后张法施工工法

适用范围：预制预应力大跨度梁和现浇框架转换层或多功能大空间房间楼盖梁施工。

荣誉证书

甘肃省建设投资（控股）集团总公司

优秀工法证书

（二〇一〇年）

工法名称：大跨度预应力梁后张法施工工法

工法编号：2010—8GS 工字 01 号

完成单位：甘肃省第八建筑工程公司

主要完成人：李建纲　常随敏　王致祥　王常居　荀福勤

获奖等级：二等奖

甘肃省建设投资（控股）集团总公司

二〇一〇年十月二十七日

2. 预制装配式单层厂房综合吊装施工工法

适用范围：预制大跨度预应力折线形屋架、预制钢筋混凝土屋面梁、屋面上下弦水平支撑、垂直支撑、屋面板、天窗架等综合吊装。

3. 钢筋直螺纹连接施工工法

适用范围：适用于现场钢筋直螺纹连接的工艺和质量控制。

荣誉证书

甘肃省建设投资（控股）集团总公司工法证书

（二〇一六年）

工法名称：钢筋直螺纹连接施工工法

工法编号：2016-GJGF2-07

完成单位：甘肃省第八建设集团有限责任公司

主要完成人：李建纲 常随敏 王江平 徐茂宏 丁锐军

甘肃省建设投资（控股）集团总公司

二〇一七年一月十五日

4. 钢筋直螺纹连接施工质量控制技术工法

适用范围：现场各规格钢筋直螺纹连接施工质量控制技术。

甘肃省工程建设省级工法证书

工法名称：钢筋直螺纹连接施工质量控制技术工法

批准文号：甘建工[2016]356号

工法编号：GSSJGF001-2015

完成单位：甘肃省第八建设集团有限责任公司

工法主要完成人：李建纲、常随敏、王江平、徐茂宏、丁锐钧

二〇一六年十一月

附录 2　专利

1. 实用新型专利

（1）活动阴、阳角模板

创新点：因钢模板的阴、阳角模板是固定直角，安装容易，拆除困难，阴、阳角模常被撬坏，周转次数少、成本高，活动阴、阳角模板在阴、阳角处安装铰链。阴角模肋部有孔配合有“Π”扒钉固定阴角 90°，拆除时先拆除扒钉，向内翻脱模；阳角安装后在叠合的横肋上用插销固定，拆除时先拆除插销，然后向外翻脱模。

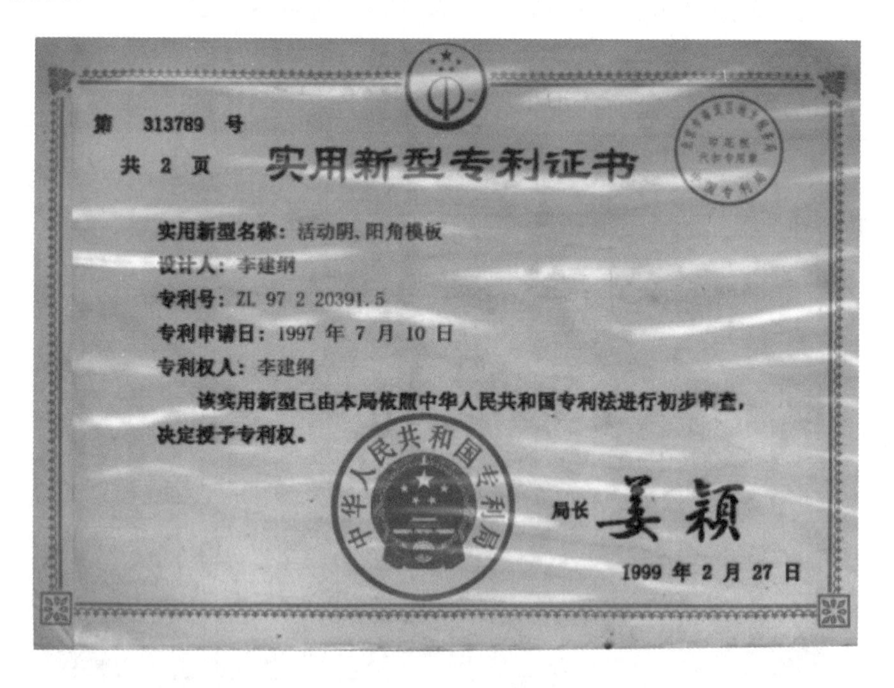

第 313789 号

共 2 页　实用新型专利证书

实用新型名称：活动阴、阳角模板

设计人：李建纲

专利号：ZL 97 2 20391.5

专利申请日：1997 年 7 月 10 日

专利权人：李建纲

该实用新型已由本局依照中华人民共和国专利法进行初步审查，决定授予专利权。

中华人民共和国专利局

局长 姜颖

1999 年 2 月 27 日

（2）一种半径检测尺

创新点：暗配电管弯曲半径、各种机加工件半径。现行做法是小规格的半圆以上者采用游标卡尺测量，大规格的专门制作一个圆弧样板对工件进行测量。本专利是利用圆的性质定理在一个弹性很好的 0.5～6mm 钢板上分开一定间距垂直焊两根尺杆，测量任何一段圆弧时把薄钢板竖贴圆弧，两尺杆的交叉点即是圆心，尺杆读数为半径数。

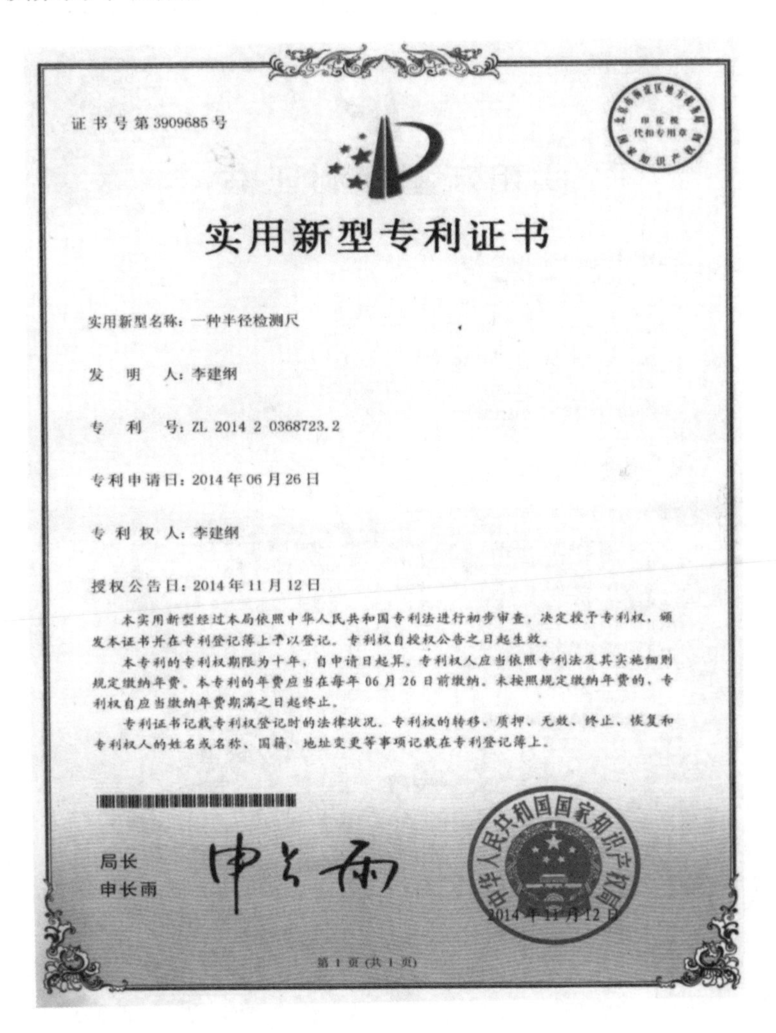

证书号第3909685号

实用新型专利证书

实用新型名称：一种半径检测尺

发　明　人：李建纲

专　利　号：ZL 2014 2 0368723.2

专利申请日：2014年06月26日

专利权人：李建纲

授权公告日：2014年11月12日

本实用新型经过本局依照中华人民共和国专利法进行初步审查，决定授予专利权，颁发本证书并在专利登记簿上予以登记。专利权自授权公告之日起生效。

本专利的专利权期限为十年，自申请日起算。专利权人应当依照专利法及其实施细则规定缴纳年费。本专利的年费应当在每年06月26日前缴纳。未按照规定缴纳年费的，专利权自应当缴纳年费期满之日起终止。

专利证书记载专利权登记时的法律状况。专利权的转移、质押、无效、终止、恢复和专利权人的姓名或名称、国籍、地址变更等事项记载在专利登记簿上。

局长
申长雨

中华人民共和国国家知识产权局
2014年11月12日

第1页（共1页）

（3）一种地脚螺栓无损伤固定装置

创新点：地脚螺栓通常用短钢筋焊接固定，这样容易烧伤螺栓并使螺栓塑性降低，脆性增强，对螺栓质量有损。本专利是在上下两块4～5mm厚钢板上按固定螺栓的位置钻相应规格的孔，加焊立柱定位筋，地脚螺栓穿进上下定位钢板中做到精准定位，不损伤螺栓。

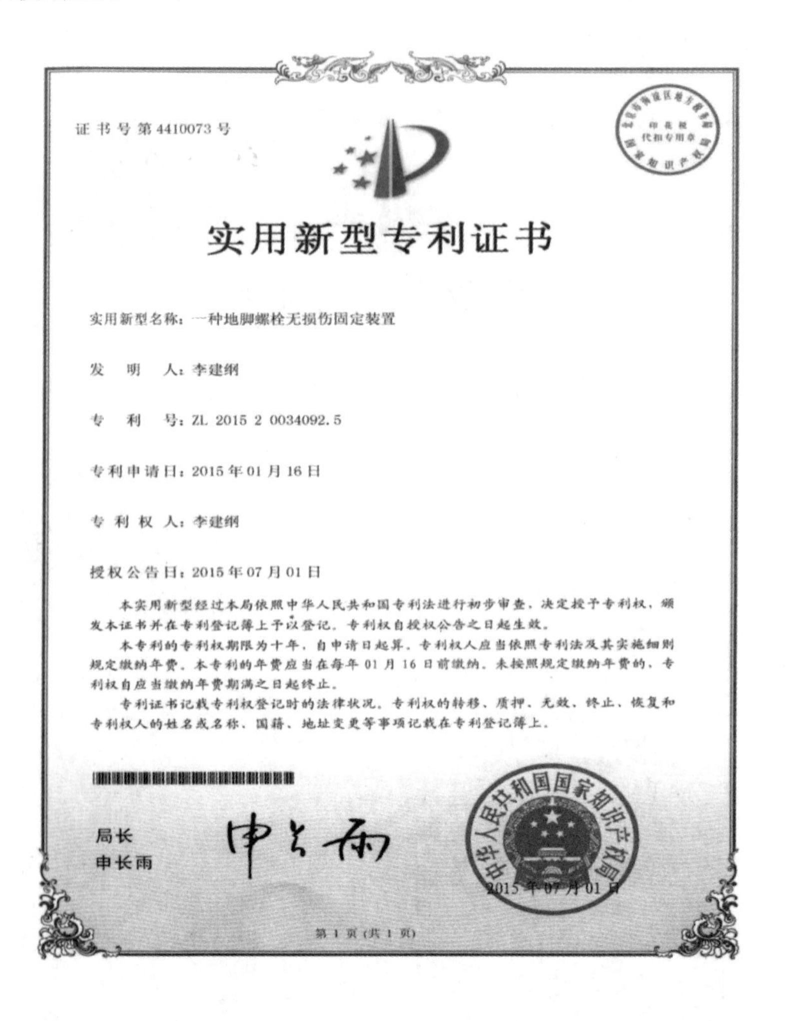

证书号第4410073号

实用新型专利证书

实用新型名称：一种地脚螺栓无损伤固定装置

发　明　人：李建纲

专　利　号：ZL 2015 2 0034092.5

专利申请日：2015年01月16日

专 利 权 人：李建纲

授权公告日：2015年07月01日

本实用新型经过本局依照中华人民共和国专利法进行初步审查，决定授予专利权，颁发本证书并在专利登记簿上予以登记。专利权自授权公告之日起生效。

本专利的专利权期限为十年，自申请日起算。专利权人应当依照专利法及其实施细则规定缴纳年费。本专利的年费应当在每年01月16日前缴纳。未按照规定缴纳年费的，专利权自应当缴纳年费期满之日起终止。

专利证书记载专利权登记时的法律状况。专利权的转移、质押、无效、终止、恢复和专利权人的姓名或名称、国籍、地址变更等事项记载在专利登记簿上。

局长
申长雨

中华人民共和国国家知识产权局
2015年07月01日

第1页（共1页）

（4）一种景区攀崖清理垃圾的安全装置

创新点：现做法是景区清理垃圾时在崖顶设木（钢）桩，清理时用粗绳子绕过桩几圈，上端三五人慢慢放绳，清理垃圾者手紧握绳下端缓缓下到该清理的地方，系好安全绳清理垃圾，可是在清理完垃圾上行时清理垃圾者攀绳而上，消耗体力过大，有一定不安全因素。本装置由安全软梯、专用鞋子、安全绳、崖顶固定桩组成，专用鞋前端有钩，可以攀梯时钩住，到清理的地方后脱掉专用鞋，系好安全绳，完成清理后穿上专用鞋，手攀安全绳上至崖顶，整个过程崖顶必须有监护人。

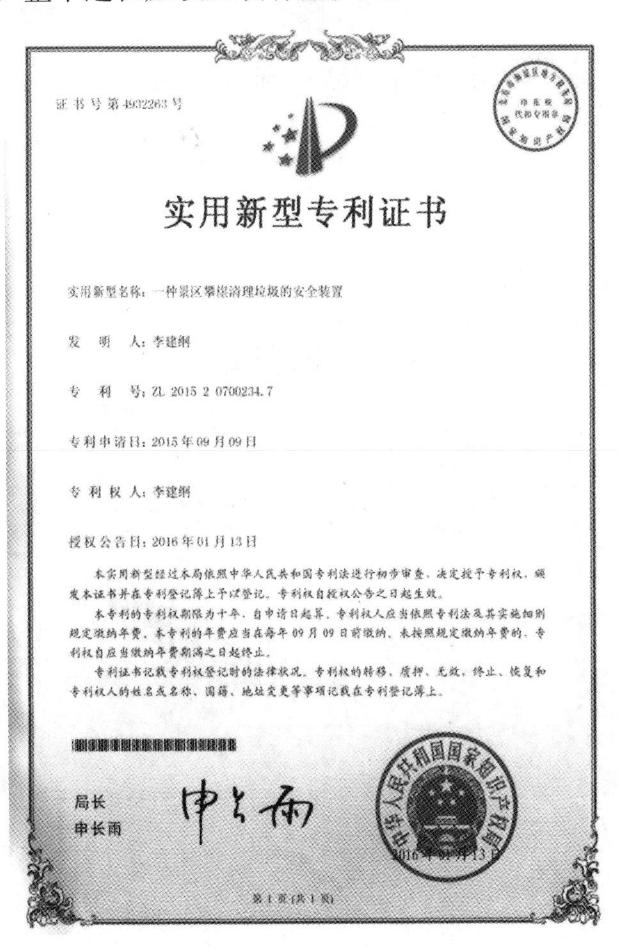

证书号第4932263号

实用新型专利证书

实用新型名称：一种景区攀崖清理垃圾的安全装置

发　明　人：李建纲

专　利　号：ZL 2015 2 0700234.7

专利申请日：2015年09月09日

专利权人：李建纲

授权公告日：2016年01月13日

本实用新型经过本局依照中华人民共和国专利法进行初步审查，决定授予专利权，颁发本证书并在专利登记簿上予以登记。专利权自授权公告之日起生效。

本专利的专利权期限为十年，自申请日起算。专利权人应当依照专利法及其实施细则规定缴纳年费。本专利的年费应当在每年09月09日前缴纳。未按照规定缴纳年费的，专利权自应当缴纳年费期满之日起终止。

专利证书记载专利权登记时的法律状况。专利权的转移、质押、无效、终止、恢复和专利权人的姓名或名称、国籍、地址变更等事项记载在专利登记簿上。

局长
申长雨

中华人民共和国国家知识产权局
2016年01月13日

第1页（共1页）

（5）一种装配式混凝土结构竖向构件安装灌浆堵缝结构

创新点：现做法是用砂浆堵缝，强度不一，加之堵得多了影响灌浆料的空间；堵得少了压力灌浆容易冲脱。本专利在楼层处用角钢、密封胶条、膨胀螺栓固定，临边处用钢板密封胶条、膨胀螺栓固定。固定件不占灌浆空间，角钢、密封胶条可重复使用，保证了灌浆体的占用空间。

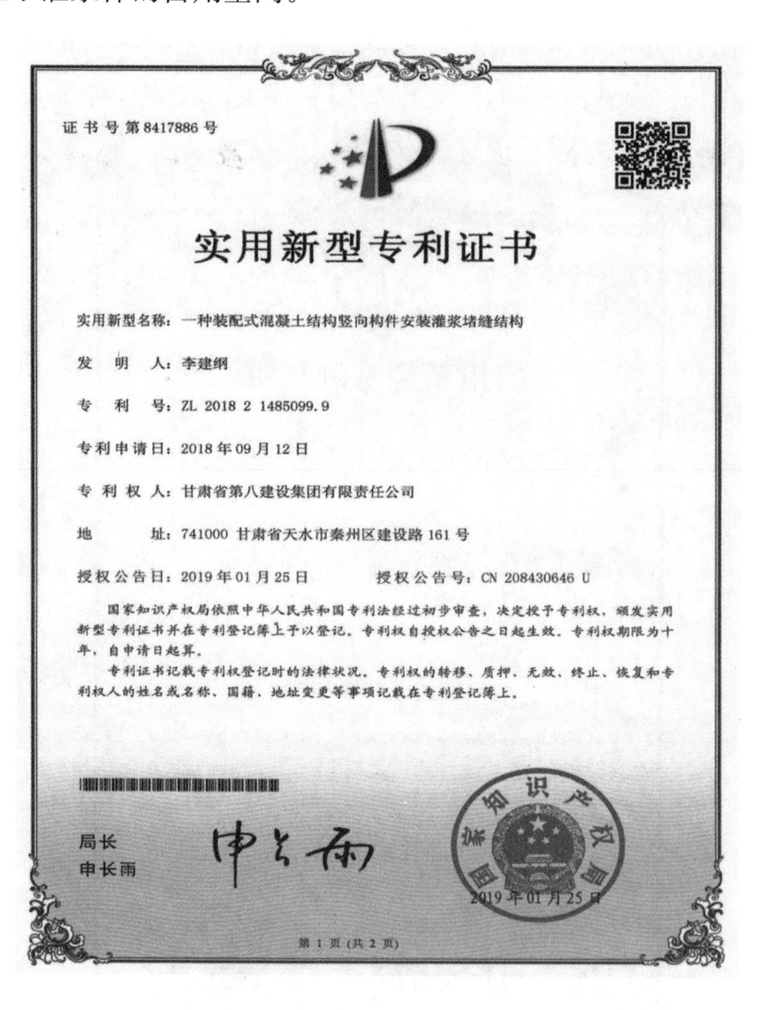

证书号第8417886号

实用新型专利证书

实用新型名称：一种装配式混凝土结构竖向构件安装灌浆堵缝结构

发　明　人：李建纲

专　利　号：ZL 2018 2 1485099.9

专利申请日：2018年09月12日

专 利 权 人：甘肃省第八建设集团有限责任公司

地　　址：741000 甘肃省天水市秦州区建设路161号

授权公告日：2019年01月25日　　授权公告号：CN 208430646 U

国家知识产权局依照中华人民共和国专利法经过初步审查，决定授予专利权，颁发实用新型专利证书并在专利登记簿上予以登记。专利权自授权公告之日起生效。专利权期限为十年，自申请日起算。

专利证书记载专利权登记时的法律状况。专利权的转移、质押、无效、终止、恢复和专利权人的姓名或名称、国籍、地址变更等事项记载在专利登记簿上。

局长
申长雨

2019年01月25日

第1页（共2页）

（6）一种装配式混凝土半灌浆套筒

创新点：现行灌浆套筒注浆口和排浆口均有16mm大开口，灌浆饱满度、密实度无法保证，灌浆料中的气体和分泌的水分无法排出，使灌浆体在套筒内无法达到密实和饱满状态。本专利将排浆口改为排气孔，在排气孔内安装了中间带圆孔、周边带半圆孔的圆台形塞栓，该塞栓可在排气孔内被灌浆料推着移动，在灌浆前将塞栓向里推，随着灌浆的进行，排气孔排气、排水、排稀浆、排浓浆、塞栓向外移动至排气孔外平，以上五个现象可证实套筒内灌浆达到饱满、密实状态。

证书号第10509833号

实用新型专利证书

实用新型名称：一种装配式混凝土半灌浆套筒

发　明　人：李建纲

专　利　号：ZL 2019 2 1341900.7

专利申请日：2019年08月19日

专　利　权　人：甘肃省第八建设集团有限责任公司

地　　　址：741020 甘肃省天水市秦州区建设路161号

授权公告日：2020年05月15日　　　授权公告号：CN 210530146 U

国家知识产权局依照中华人民共和国专利法经过初步审查，决定授予专利权，颁发实用新型专利证书并在专利登记簿上予以登记。专利权自授权公告之日起生效。专利权期限为十年，自申请日起算。

专利证书记载专利权登记时的法律状况。专利权的转移、质押、无效、终止、恢复和专利权人的姓名或名称、国籍、地址变更等事项记载在专利登记簿上。

局长
申长雨

国家知识产权局

2020年05月15日

第1页（共2页）

（7）带有注浆口快速封堵构造的装配式混凝土竖向灌浆套筒

创新点：半灌浆套筒在灌浆完成移开注浆枪堵塞注浆口时浆体倒流很严重，影响灌浆饱满度。本专利是在注浆口处安装快速封堵插板，在注浆达到饱满、密实后先关闭插板后移开注浆枪，保证了灌浆套筒内浆体饱满、密实状态。

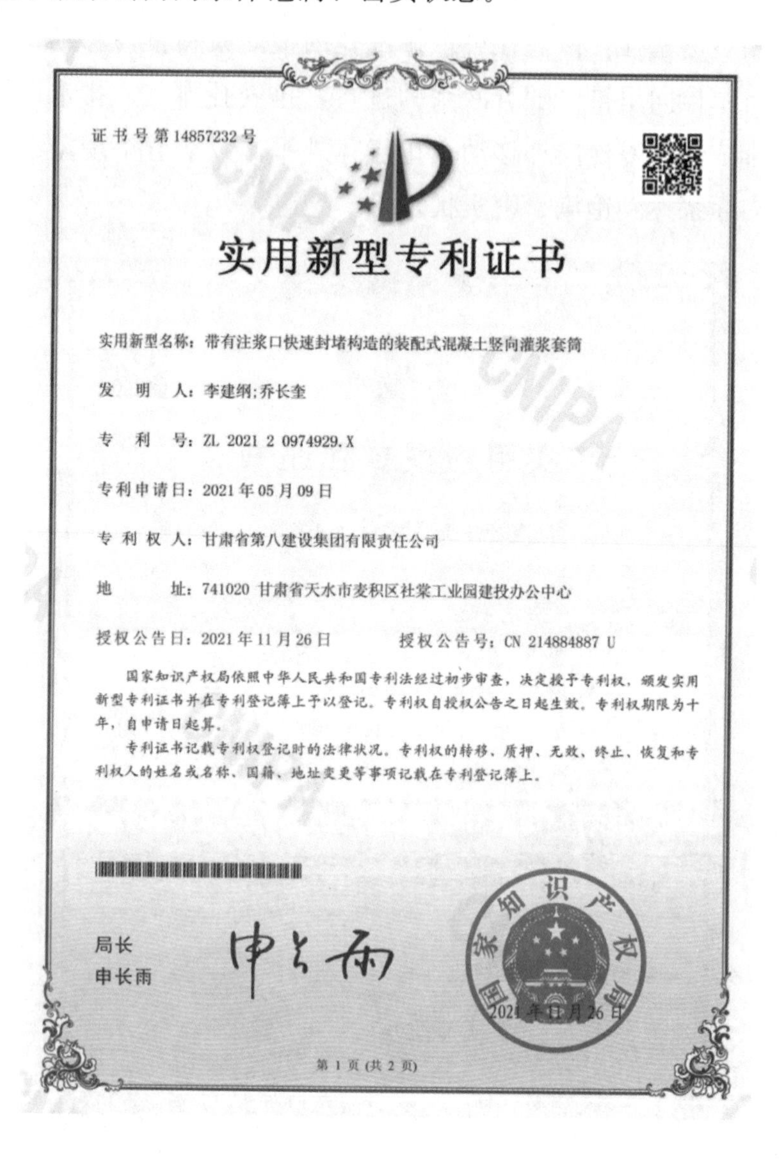
证书号第14857232号

实用新型专利证书

实用新型名称：带有注浆口快速封堵构造的装配式混凝土竖向灌浆套筒

发　明　人：李建纲;乔长奎

专　利　号：ZL 2021 2 0974929.X

专利申请日：2021年05月09日

专　利　权　人：甘肃省第八建设集团有限责任公司

地　　　址：741020 甘肃省天水市麦积区社棠工业园建投办公中心

授权公告日：2021年11月26日　　　授权公告号：CN 214884887 U

国家知识产权局依照中华人民共和国专利法经过初步审查，决定授予专利权，颁发实用新型专利证书并在专利登记簿上予以登记。专利权自授权公告之日起生效。专利权期限为十年，自申请日起算。

专利证书记载专利权登记时的法律状况。专利权的转移、质押、无效、终止、恢复和专利权人的姓名或名称、国籍、地址变更等事项记载在专利登记簿上。

局长
申长雨

国家知识产权局
2021年11月26日

第1页（共2页）

2. 发明专利

后浇带有约束膨胀施工方法

创新点：后浇带处梁板混凝土接槎不容易控制好，渗漏水常有发生。本专利在清理好后浇带接槎、认真浇筑膨胀混凝土后在混凝土上表面安装模板并压重，约束膨胀混凝土向上膨胀，使混凝土向侧面膨胀，达到接缝密实不渗漏。

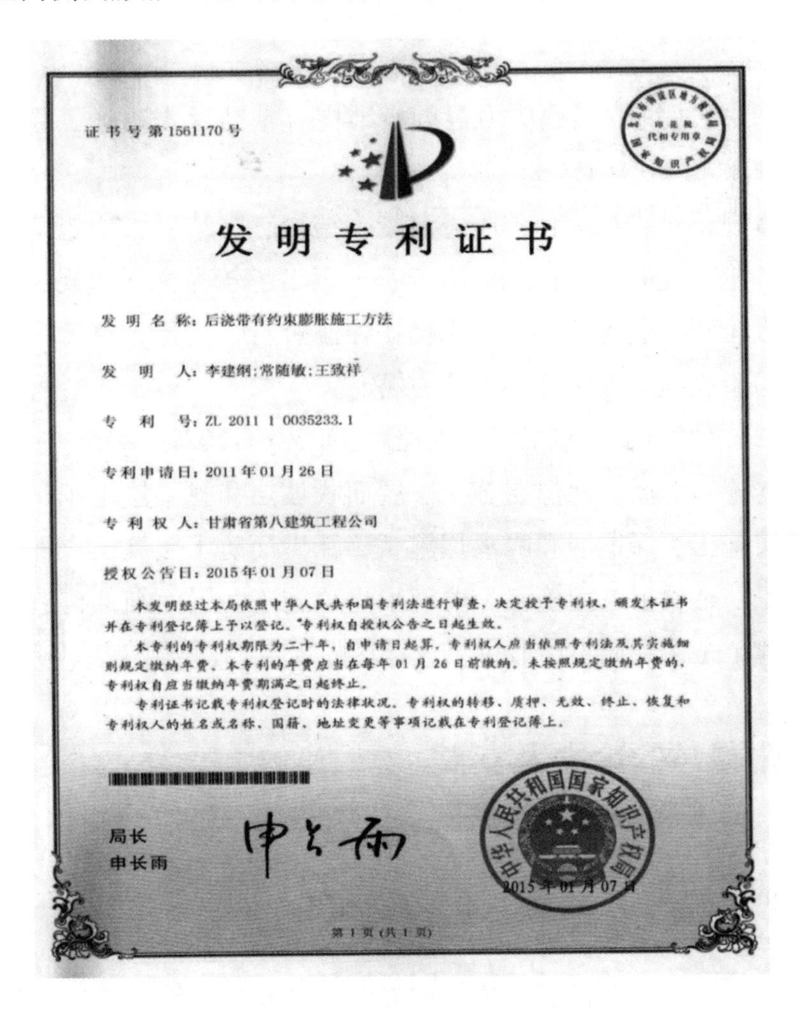

证书号第1561170号

发明专利证书

发明名称：后浇带有约束膨胀施工方法

发明人：李建纲；常随敏；王致祥

专利号：ZL 2011 1 0035233.1

专利申请日：2011年01月26日

专利权人：甘肃省第八建筑工程公司

授权公告日：2015年01月07日

本发明经过本局依照中华人民共和国专利法进行审查，决定授予专利权，颁发本证书并在专利登记簿上予以登记。专利权自授权公告之日起生效。

本专利的专利权期限为二十年，自申请日起算。专利权人应当依照专利法及其实施细则规定缴纳年费。本专利的年费应当在每年01月26日前缴纳。未按照规定缴纳年费的，专利权自应当缴纳年费期满之日起终止。

专利证书记载专利权登记时的法律状况。专利权的转移、质押、无效、终止、恢复和专利权人的姓名或名称、国籍、地址变更等事项记载在专利登记簿上。

局长
申长雨

中华人民共和国国家知识产权局

2015年01月07日

第1页（共1页）

附录3　标准、规程

甘肃省地方标准如下：

（1）《钢筋直螺纹连接技术规程》（DB62/T25-3082-2014）

本规程规范了钢筋丝头加工前钢筋端头切平处理，加工完成后丝头的外观和环规检查，对进场的套筒检查外观和尺寸并用塞规检查螺纹，对施工工艺进行了规范要求，安装拧紧用力矩扳手检查。

（2）《建筑工程预应力混凝土结构有粘结后张法施工验收规程》（DB62/T25-3123-2016）

本规程对建筑工程预应力混凝土结构有粘结后张法施工的工艺、各检验批的施工操作、施工安全做出了较为全面的规定；对智能张拉和智能灌浆的工艺和操作控制进行了规定；对每一个检验批的验收程序方法进行了统一规定。

（3）《屋面工程施工工艺规程》（DB62/T 3028—2018）

本规程对屋面保温层施工、屋面找坡层和找平层施工、屋面防水层施工、保护层和隔离层施工、瓦屋面防水层施工、种植屋面施工、金属板屋面施工、玻璃采光顶施工、屋面细部构造施工等的施工工艺和质量验收做了较详尽的规定。

附录4　论文及获奖

1. 发表于《建筑工人》的论文

（1）《〈大体积混凝土施工规范〉学习体会》发表于2013年第

1期。

(2)《〈大体积混凝土施工规范〉的探索学习》发表于2013年第4期。

(3)《填充墙、构造柱施工质量问题及防治方法》发表于2014年第5期。

2. 发表于《工程建设标准化》的论文

《钢筋锚固板锚固长度及锚固板安装方法探究——对现行〈钢筋锚固板应用技术规程〉JGJ 256—2011的探索学习》发表于2018年第3期。

3. 获奖论文

2017年10月，《在高抗震设防区如何推进建筑工业化发展》被第七届中国中西部地区土木建筑学术年会评为三等优秀学术论文。

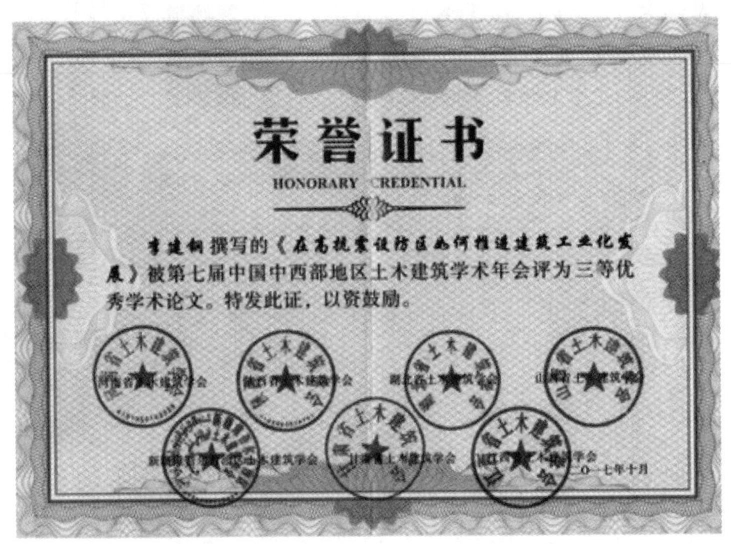

荣誉证书

HONORARY CREDENTIAL

李建钢撰写的《在高抗震设防区如何推进建筑工业化发展》被第七届中国中西部地区土木建筑学术年会评为三等优秀学术论文。特发此证，以资鼓励。

二〇一七年十月

附录 5　科研成果

（1）2015 年度完成了甘肃建设科研项目“钢筋直螺纹连接质量控制技术研究”。

（2）2022 年度完成了甘肃省建设科研项目“装配式混凝土可控密实、饱满的半灌浆套筒及施工方法”。

附录 6　专家证书

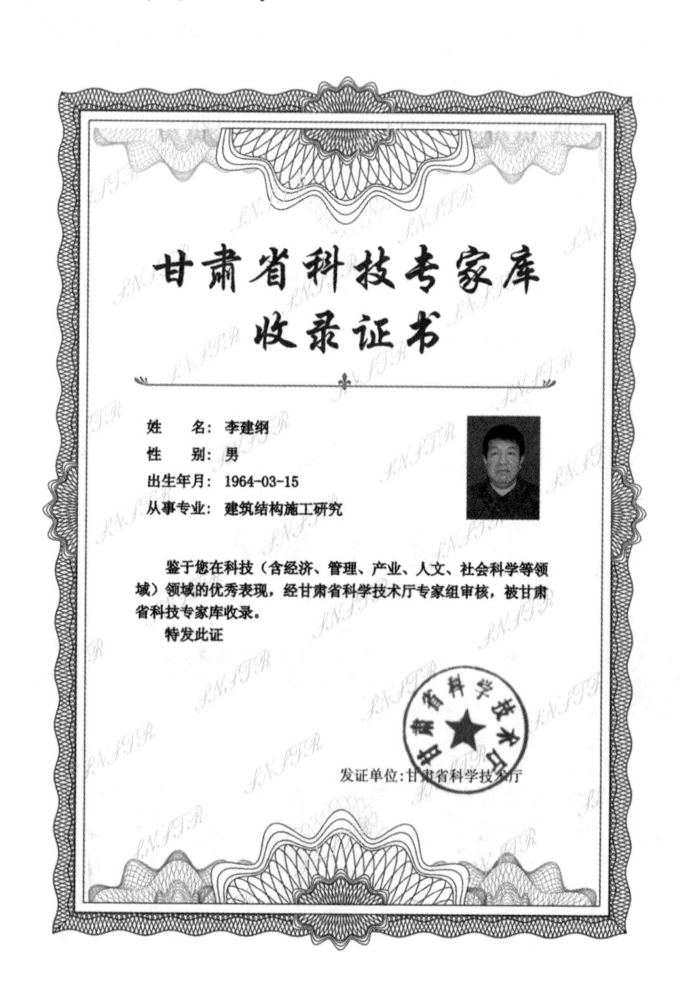

甘肃省科技专家库
收录证书

姓　　名：李建纲
性　　别：男
出生年月：1964-03-15
从事专业：建筑结构施工研究

鉴于您在科技（含经济、管理、产业、人文、社会科学等领域）领域的优秀表现，经甘肃省科学技术厅专家组审核，被甘肃省科技专家库收录。

特发此证

发证单位：甘肃省科学技术厅

参考文献

[1] 郭正兴．装配式混凝土建筑现场连接质量控制技术研究［Z］．

[2] 中华人民共和国住房和城乡建设部．装配式混凝土结构技术规程：JGJ 1—2014［S］．北京：中国建筑工业出版社，2014.

[3] 中华人民共和国住房和城乡建设部．钢筋连接用灌浆套筒：JG/T 398—2019［S］．北京：中国标准出版社，2020.

[4] 赵勇．装配式混凝土结构技术［Z］．

[5] 中华人民共和国住房和城乡建设部．钢筋焊接及验收规程：JGJ 18—2012［S］．北京：中国建筑工业出版社，2012.

[6] 中华人民共和国住房和城乡建设部．钢筋锚固板应用技术规程：JGJ 256—2011［S］．北京：中国建筑工业出版社，2012.

[7] 中华人民共和国住房和城乡建设部．混凝土结构施工图平面整体表示方法制图规则和构造详图：22G101-1［S］．北京：中国计划出版社，2022.

[8] 建筑施工手册第五版编委会．建筑施工手册 3［M］．5 版．北京：中国建筑工业出版社，2012.

[9] 甘肃省住房和城乡建设厅，甘肃省质量技术监督局．钢筋直螺纹连接技术规程：DB62/T25-3082-2014［S］．北京：中国建材工业出版社，2014.

[10] 中华人民共和国国家质量监督检验检疫总局，中国国家标准化管理委员会．普通螺纹 公差：GB/T 197—2018［S］．北京：中国标准出版社，2018.

[11] 中华人民共和国住房和城乡建设部．钢筋套筒灌浆连接应用技术规程：JGJ 355—2015［S］．北京：中国建筑工业出版社，2015.

[12] 中华人民共和国住房和城乡建设部．钢筋机械连接技术规程：JGJ 107—2016［S］．北京：中国建筑工业出版社，2016.

[13] 中华人民共和国住房和城乡建设部．装配式混凝土建筑技术标准：GB/T 51231—

2016 [S]. 北京：中国建筑工业出版社，2017.

[14] 中华人民共和国住房和城乡建设部，中华人民共和国国家质量监督检验检疫总局. 建筑抗震设计规范：GB 50011—2010 [S]. 2016 年版. 北京：中国建筑工业出版社，2016.

[15] 中国工程建设标准化协会. 竖向分布钢筋不连接装配整体式混凝土剪力墙结构技术规程：T/CECS 795—2021 [S]. 北京：中国建筑工业出版社，2021.

[16] 中华人民共和国住房和城乡建设部. 装配式混凝土结构连接节点构造（剪力墙）：15G310-2 [S]. 北京：中国计划出版社，2015.

[17] 熊峰. 带接缝面装配整体式混凝土构件抗剪强度研究 [Z].

[18] 中华人民共和国住房和城乡建设部. 混凝土结构设计规范：GB 50010—2010 [S]. 北京：中国建筑工业出版社，2011.

[19] 赵勇. 装配式混凝土结构设计与施工 [Z].

[20] 甘肃省住房和城乡建设厅. 预制带肋底板混凝土叠合楼板：DBJT25-125-2011 [A].

[21] 中华人民共和国住房和城乡建设部. 预制带肋底板混凝土叠合楼板：14G443 [S]. 北京：中国计划出版社，2014.

[22] 中华人民共和国住房和城乡建设部. 预制钢筋混凝土板式楼梯：15G367-1 [S]. 北京：中国计划出版社，2015.

[23] 中华人民共和国住房和城乡建设部. 装配式混凝土结构连接节点构造（楼盖结构和楼梯）：15G310-1 [S]. 北京：中国计划出版社，2015.

[24] 谷明旺. PC 住宅中预制墙体的不同安装方法 [Z].

[25] 中华人民共和国住房和城乡建设部. 装配式建筑评价标准：GB/T 51129—2017 [S]. 北京：中国建筑工业出版社，2018.

后　　记

《装配式混凝土结构工程施工创新技术》一书总结改进部分传统施工方法，同时对国家大力推广的装配式混凝土结构施工关键技术的探索研究进行小结，以便和国内装配式混凝土结构领域内专家学者更好地交流。

笔者研究“装配式混凝土结构施工关键技术”多年，研发装配式混凝土结构施工关键技术专利 3 项，解决了竖向结构构件安装灌浆堵缝、可控灌浆饱满度、密实度的排气孔、快速封堵注浆口等实用技术，解决了装配式混凝土结构竖向构件连接的“老大难”问题。在装配式混凝土结构工程施工创新的研究方面曾得到中国冶金研究院研究员王晓峰、钱冠龙，清华大学建筑设计研究院正高级工程师马智刚，同济大学赵勇教授等资深专家的大力支持和指导。本书在编写过程中参阅了东南大学土木工程学院郭正兴教授，四川大学建筑与环境学院院长、土木工程系教授、博士生导师熊峰等学者的相关公开研究成果，一并表示感谢。

在本书编写过程，兰州大学土木工程与力学学院张敬书教授和甘肃省建设设计咨询集团有限公司原董事长正高级工程师罗崇德两位资深专家给予多次指导，在此深表感谢。也希望装配式混凝土结构方面的专家学者继续支持和指导本人的研究工作。

2023 年 6 月 6 日